Copyright © 2020 by BRAIN RIVER PUBLISHERS

All rights reserved. No part of this publication may be reproduced, distributed, or transmitted in any form or by any means, including photocopying, recording, or other electronic or mechanical methods, without the prior written permission of the publisher, except in the case of brief quotations embodied in critical reviews and certain other noncommercial uses permitted by copyright law.

A SPECIAL REQUEST

Hey there! Thank you so much for you purchase.
As you know we put a lot of work in the making of such books.
So you could leave us a review on Amazon, we would really appreciate that.

BRAIN RIVER PUBLISHERS

Puzzle #1

Assorted Words 1

```
Y L Y C A D G N P N Q E J D M
S S E N S U O M R O N E R P O
P R A I R I E C O E H X G U D
J E C R E K N A T H T A E T E
C U D Q I G E U O O P T E R S
T T H R O W N D N Y R K I E T
T R E V O C L I N C H A T F E
E D P N J H Y T S D K B T I R
V K P A U F L A G S H I P E T
E T A M I X O R P P A X G S S
L A U T X D K B E N U M B E D
R E F U S A L D H D K H A K I
R Q B G N I L E M M O P K U F
P A T R O L M E N J I S Q Y Z
S Y L T N E I D E B O S I D P
```

AMASSING	FITTER	PROTON
APPROXIMATE	FLAGSHIP	PUTREFIES
BENUMBED	KHAKI	REFUSAL
CLINCH	MISTAKE	TANKER
COVERT	MODESTER	THROWN
DISOBEDIENTLY	PATROLMEN	
DOCTORATES	POMMELING	
ENORMOUSNESS	PRAIRIE	

Puzzle #2
Assorted Words 2

```
N R O X I P A R A B L I N G S
C O U C I M B A L A N C E S C
I O O O W G H E U G N A R A H
R U M M I L N T L P E Z H Q O
C I U P P N A I S A R X I R O
L A R O L G T U S I M E D E L
E B D S M I A I X S H R U B C
T J T I E M A U M E A W O Z H
U F B T S L A N N A S R B N I
R U U E P P B C T T C O A S L
M A T S V J R B I F K I M H D
O C U V S V Y O A N T L E O Y
I Z O D Q E B N O R I H O S H
L E B P O I S E D F C M U B S
S S E B I R B X M Z H S Y W N
```

BRIBES	HARASSING	POISED
CIRCLET	HOMOSEXUAL	SCHOOLCHILD
COMPLIANT	IMBALANCE	SCRABBLES
COMPOSITES	INTIMACIES	TURMOILS
DISPROOF	ISTHMI	
FUSSES	MINICAM	
GAUNT	NORMAL	
HARANGUE	PARABLING	

Puzzle #3
Assorted Words 3

```
O T U X T T E D Y E V T F Z I
S G C N S I N N E R S L Q H R
N R N O L U M K W S K V F A O
E E E I N I Q Z C F I K C K M
X I K G B I A R G O D V B K A
P N O N G M C N Y R N R E C N
R P M K U O O S R G X K T R T
E W R L Q S L B M E L L O W I
S A R O S C O Q T S G A D A C
S P R T M C R O S S I N G F A
E D O L H P A Y M K F I I F L
D Z N D I V T Z P M E M P F L
D E E C M E U E V T U V T B Y
X I F I C U R C R U P U G L K
Q M E M O R A N D U M S T H F
```

BOMBING   EXPRESSED   REVISED
COLORATURA   FINGERNAIL   ROMANTICALLY
CONICS   FORGES   SINNERS
CROSSING   KNOCK   SUNKEN
CRUCIFIX   LOGGERS
CRYPT   MELLOW
EARLIER   MEMORANDUMS
EMCEED   PROMPTER

Puzzle #4
Assorted Words 4

```
S I K D Q C O N C E I V E S R
D S L O O T S T O O F F P D E
K I G O S S I P I N G C T R S
S A V L N I J X X B O H M E T
C A D E R O N O H L U R A C U
R G D C R L W U Q U T O M L D
I D Z O D T M I A F S N B A I
P W E L R Q E D S F T O O S E
T N A L H A H D T E R L I S D
U B L O V A B R A S I O N I L
R S O Q I X O L U T P G G F O
E C T U P X P E E L S I R I Q
S N O I N I M D Q U I C H E S
Y L S U O L E V R A M A B D B
N L T M N F Q Y L W O L S T L
```

ABRASION	GOSSIPING	QUICHES
ADORABLE	HONORED	RECLASSIFIED
BLUFFEST	MAMBOING	RESTUDIED
CHRONOLOGICAL	MARVELOUSLY	SCRIPTURES
COLLOQUIUM	MINIONS	SLOWLY
CONCEIVES	NOWISE	ZEALOT
DIVERTED	OUTSTRIPS	
FOOTSTOOLS	PEELS	

Puzzle #5
Assorted Words 5

```
C N L D Y C I S T I W T I N N
S E J A E L O R E I T T O P S
C E G X M N G N I M M I L S H
R D R N Z A O N S N O C A E D
A L F S I T S D I O V K S Y S
G E S B X H U E N S R O G U J
G S L E D L T B R A U T W T D
L S O G Q E S A B I B F I E E
I L B U U T D A L I E A N N L
E Y B I U I P A W D K S G O G
R O E L N C C H R M E M U O C
R N R E L B A T U B I R T T A
K I C K O F F S J Y A L R F N
X K F Q D E H S U R C Q L A N
K N O I T A N O S R E P M I T
```

ABANDONED
ABRADED
ATHLETIC
ATTRIBUTABLE
BEGUILE
CONFUSINGLY
CONSORTING
CRUSHED

DEACONS
IMPERSONATION
KIBBUTZ
KICKOFFS
LAMASERIES
LATHING
NEEDLESSLY
NITWITS

SAWMILL
SCRAGGLIER
SLIMMING
SLOBBER
SPOTTIER
TARRED
VOWEL

Puzzle #6

Assorted Words 6

```
P X Y L T N A P M A R W R C F
A G N I C N E M M O C E R S E
C B P Q R E D R E W F K U I M
K S A D K U G A U C H E R M I
E B N B E S E N T I N E L S N
R D W A I Z H C G X I F Y Z I
F N C C Y E A N I H P U A D N
L F B L A N D L Y L Q D E I E
R J U I U C A K B O O B I E S
J P Z C J M K B L G D H Y J L
H Y F K D P S L C A N Z T Z J
A F E I Q N S I E G W I M A F
Y L D N I K A T E D G Y T P C
Y C C G O G Z H W S J N A I Y
F O R M A L I Z E D T B R J S
```

BABIED	CLUMSIEST	PACKER
BANYANS	DAUPHIN	RAMPANTLY
BLANDLY	FEMININES	RECOMMENCING
BLAZED	FORMALIZED	REDREW
BOOBIES	GAUCHER	SENTINELS
CACKLED	HANDCUFF	SITING
CATHOLIC	JAYWALK	
CLICKING	KINDLY	

Puzzle #7
Assorted Words 7

```
G P G G V V N A G I M R A T P
Z O O N S L A U G H T X Q R M
S S B T I E C Z C C N J H E V
P T X F I L L I P I N G P T T
A E L B A T U B I R T T A R Z
W R T K M Q R A U C X A N O R
N I H E E A R I H U I X E G A
I O I R T I Y J E M S C L R I
N R N T H I G H S S A Q I A N
G B K C O M P O S T D J S D M
N J E G U V B C K A D V T E A
O J R M G G N I D N E F I S K
W N S L H E L B C C S D U X E
P R I N T E R S Z E T N J Z R
G M O N O L I T H S E G A W Z
```

ATTRIBUTABLE   ONSLAUGHT   SPAWNING
CIRCUMSTANCES   PANELIST   THIGHS
COMPOST   POSTERIOR   THINKERS
FENDING   PRINTERS   TRIES
FILLIPING   PTARMIGAN   WAGES
HAULING   RAINMAKER
METHOUGHT   RETROGRADES
MONOLITHS   SADDEST

Puzzle #8

Assorted Words 8

```
W W S R E C N A L A O B F E K
S I E R U T L U C A U Q A A G
K W Z P E S T I A F R A P I P
I G O E L D P D K N P C R N E
P B S H N A D I H K M L O N N
P R U N C E R A Q K Z J T O V
I Z O N P T D E L O A G E V E
N N D S W I N L T B W J A A L
G X G E I O O E X A L L N T O
A I R C R V H U M R L L S E P
C H I G G E R S S E O P A D I
W B A S K E T B A L L S Z G N
Z S T I T F A T W R Y C R I G
L X C A P T I V A T E D N U T
Q G N I U G A E L B A M R R C
```

AQUACULTURE   ENVELOPING   PIOUSLY
BASKETBALLS   GALLBLADDERS   PROTEANS
BATTERED   GAOLED   SHOWN
CAPTIVATED   INNOVATED   SKIPPING
CHIGGERS   LANCERS   VISOR
CHOWS   LATERAL   WIZENED
CLEMENT   LEAGUING
CURSOR   PARFAITS

Puzzle #9
Assorted Words 9

```
D E L O B M A G R E D N U O F
F Y D Y E L E C T O R R Z A Q
H L K E F E R A I N C O A T S
R O I J R L Q R F L W G X J C
M P S N I E S B E F S S B C W
E T Q E S C K U R T I K M O H
D I U E I T B N L A E N U M W
I M Y E E R A C U L I M I E N
T I D F S O C L I H E S O T C
A Z E E O P V E L T N N I D Y
T E A J L L E S D I P Q L N O
I S V I W A D L C O N I Y Y S
O J D S P T C E L D H G L H J
N H Z V Z E W O R P F O B C V
S T A F F S T C L A J Q M S E
```

AFFINITY	FOUNDER	RAINCOATS
CARBUNCLES	GAMBOLED	RAISINS
COMET	HUNKERED	SPELL
DECRIES	INSTALLING	STAFF
ECLIPTIC	LOCALED	SULLENLY
ELECTOR	MEDITATIONS	
ELECTROPLATES	ODOMETER	
FOLDER	OPTIMIZES	

Puzzle #10
Assorted Words 10

```
G A R R U L O U S W I W U H F
S F I N G R E D I E N T S M V
O B O O K M A R K E D W Q O J
B R E N K D J S C H B I X T B
S Z E W D B O N O D I N T L Q
E J U D B E L V L U P K S E A
S M G Y I O S U O U L I C Y B
S V A N R N C T N F A N E E H
I E E T I E S P I T N G N R O
N H S L R R I G S B E A T E R
G E X N T I A S T W S D B W R
P X V E E E M O S C E F Y I E
T E W J T C S O R O X A V Y N
Y P H F A F N T N A M N R S T
G N I M R E T I J Y A Z S S I
```

ABHORRENT
BEATER
BETIDES
BIPLANES
BLUNTED
BOOKMARKED
COBWEBS
COLONISTS
FONDEST
GARRULOUS
INCENSES
INGREDIENTS
MATRIMONY
MOSSIER
MOTLEYER
OBSESSING
ROARING
SCENT
SNIDER
SVELTEST
SWEARS
TERMING
WINKING

Puzzle #11
Assorted Words 11

```
P E K P D E H S I N R U F Y C
T A T C Q C L H U M E R U S C
R T S A A B O B H U R R A Y S
A R H T R T U L A Y O O M K I
N S D H A P T S E D Y O E Y F
S S C A S S I A T S N E O Q J
F I N N E R V R E L L E A Z X
I W W D N I O T E H E A P H O
G E I B G B C I Q S W S W E S
U A L O C U Z F F D U H T I D
R T L O T S E I H S A B O W M
I H O K H A T C H E R Y A S V
N E W B O W L E D E S P A L E
G R S C S E I H C R A R E I H
U S E I R R E B E L K C U H W
```

- ABUSER
- ARTIFICE
- ASHIEST
- ATTACK
- BOWLED
- BUSTLES
- CASSIA
- COLESLAW
- DEPENDABLE
- ELAPSED
- FURNISHED
- HANDBOOK
- HATCHERY
- HIERARCHIES
- HUCKLEBERRIES
- HUMERUS
- HURRAYS
- INNER
- PASTAS
- PRATE
- TRANSFIGURING
- WEATHERS
- WHOSE
- WILLOWS

Puzzle #12
Assorted Words 12

```
G N I T A I T A R G N I E L P
X W H C N E L C F B B D A P H
T S I N O I S S E R P X E R E
S R H C R O Q U E T T E T E R
P A E K O P D N J Q G K J D O
O P Y L T N E R A P P A S I M
R A C O A H T N E S U M H C O
T T C U K H G E O A D K Q T N
S R H A P E N I S T R S O I E
W O M R V S D I N T S I L O S
E N X E R A F N A F A E E N H
A A S R E L L U P I R N L R B
R G F N Q G E L L I N G T I N
G E N U F L E C T I O N M S M
X L G M O V E R T A X E S J U
```

APPARENTLY
CLENCH
CONTESTANTS
CROQUETTE
CUPSFUL
DREARIER
EXPRESSIONIST
FANFARE

GELLING
GENUFLECTION
HOOKUP
INGRATIATING
INHALER
MILESTONE
NIGHT
OVERTAXES

PATRONAGE
PHEROMONES
PREDICTION
PULLERS
SPORTSWEAR
YOKED

Puzzle #13
Assorted Words 13

```
P K Y L S S E L D N U O R G I
Q M S P B F L O W E R Y H I N
G X A I A U M S I N O D E H T
V A D E R E F F U B I W R H E
I N S H B E T A C K L E B P R
G S U T E T T S Z N C F I O P
G N I R R I T S E B V S V M O
I N I E E O B X A L U P O M S
Y N O T D S N C K Z L Y R E I
R O V I E E P O P J G U E L N
P I W E S K R Y M C L B D L G
X B G L R I C E I Y B E R E H
J H O L E T V A T N Z V G D F
S T E W E D S I R T G B I A D
D E R E T I M O D B O R D A B
```

ASTERISK	ESPYING	INVERTS
BAGEL	FLOWERY	MITERED
BARBERED	GASTRONOMY	OTTERED
BESTIRRING	GROUNDLESSLY	POMMELLED
BRACKETING	HEDONISM	STEWED
BUFFERED	HERBIVORE	TACKLE
DIVISION	HEREBY	YOWLED
DULLEST	INTERPOSING	

Puzzle #14

Assorted Words 14

```
I M P O V E R I S H E D L H U
T S R H C L R B X Y S Z D G R
T P Q F O S R O S E A K A Q V
W K I R N Q Y T Z T A R L J A
I O O M S H G T S H S T R A C
R P P G T V F L E C N E D A C
L O A S E I F I T O N C H W I
I M P E R S O N A T I O N C N
N D C O N S I G N S G B J J E
G G I K A O E Z I R E V L U P
K D H V T E F H L U R K I N G
C O P Y I N G R S U P H K D X
M D B I O N F T G A V F B W S
L T X O N D E T W C G Z T Z H
U A E U L J E S C A P I N G X
```

ARRAYS	DIVINES	TWIRLING
BOTTLING	ESCAPING	VACCINE
CADENCE	GASHES	
CALKS	IMPERSONATION	
CHESTS	IMPOVERISHED	
CONSIGNS	LURKING	
CONSTERNATION	NOTIFIES	
COPYING	PULVERIZE	

Puzzle #15

Assorted Words 15

```
E P E G S R E S S E U G D E R
Y U A O G Y V P A D D O C K S
M C C R A S H E D I X Q C F Q
I R S E S N E C I L X G C F V
B Q S H A D E M A N D I N G N
F I R C U R R Y C O M B I N G
S N O I T A R T S A C H I S Z
L B O L X G R E E D I E R F E
I R E G O L A T A C A Y P W A
M V V U M G X F U R B E L O W
M A L S E C I F T I V O R Y T
E A I D E V A S T A T E O D L
S Q S U O E N A T N A T S N I
T U S X K G R O H B A U O Z A
K N A T U R A L I S T I Y E Z
```

ABHOR
BIOLOGIST
CASTRATIONS
CATALOGER
COACH
CRASHED
CURRYCOMBING
DEMANDING

DEVASTATE
DREADS
FICES
FURBELOW
GREEDIER
GUESSERS
INSTANTANEOUS
IVORY

LICENSES
NATURALIST
PADDOCKS
SHADE
SLIMMEST

Puzzle #16
Assorted Words 16

```
M I S C A S T S G N O L O R P
S W C A T E G O R I Z I N G A
A Z H T C I R T S I D J C P N
P G Z W S N N E P Q M P M E N
E E C A S T Y R O I B J F R I
N C O L L E C T E D Q C O M H
I O N K O O N E I G L O I E I
N S V S W O U O L L S I D A L
S Y A T O Q N T R G I O V T A
U S L M N S J E R H E T Z E T
L T E J D D U W Y U T N U N O
A E S D E Q Y A J S N E Y F R
S M C T R A N S M I T S D B K
R S E S T N E R A P D N A R G
J O D O N S L A U G H T S F F
```

ANNIHILATOR
CATEGORIZING
CATWALK
COLLECTED
CONVALESCED
DETHRONES
DISTRICT
ECOSYSTEMS
EVILDOER
FUTILITY
GRANDPARENTS
LOONEYS
MISCASTS
NEGLECTS
ONSLAUGHTS
OUTRUNS
PENINSULAS
PERMEATE
PROLONGS
TRANSMITS
WONDER

Puzzle #17
Assorted Words 17

```
K Z D B E T R A Y A L V T S K
D E R R E T N I S I D I C P C
P S E V O C L A H F Q N T I A
I E B E S U L S G L Z E X L G
C A T A M A R A N O Z G F L Y
N W M E R D D S S I R A D I P
I W P Y M R E E S M A R S N R
C G U A M A O G T E O L A G I
K I I N K Q G W N A C K P O N
E V V X J N G N H O E N I X C
R E S A E N U R B S R R I E E
S L A Y S O N M O V R P U R S
L A C I M O N O R T S A G A P
D E K N A T Y H T R I B E R L
L D N O I T A L U C O N I G Z
```

ALCOVES	GASTRONOMICAL	PRONGED
ARROGANT	GEARS	REBIRTH
BARROW	GUNNY	SLAYS
BETRAYAL	INOCULATION	SMOKIES
CATAMARAN	LAUREATED	SPILLING
DISINTERRED	PICNICKERS	TANKED
EXPLAINS	PRINCES	UNEASE
GAMETE	PRINCESS	VINEGAR

Puzzle #18
Assorted Words 18

```
C K F D E C S L I T T E D Z U
V W O S S F O G D E F F U T S
D R K G R E E N N O O Z N O V
S E L L O U T F C I C E G F L
D U G R X A C O U E T M W X H
M O L T E N O C N T I R Y T Z
R T W I U C G Q O K I T I B C
E R E T A I L I N G N L E L G
T A S I S E H T I T N A E D F
O N K L T N A L S Y M P B L B
U S L S E T A G O R B A J A Y
C P S N O S I R R A G T Z R I
H O Z W M D O O H T S E I R P
E R I B Q R E F E R E N T K M
S T P F E K A N S E L T T A R
```

ABROGATE
ANCIENTS
ANTITHESIS
BANKNOTES
CONCEITED
FLIRTING
FUTILELY
GARRISONS

MOLTEN
OCCURS
PATENT
PRIESTHOOD
RATTLESNAKE
REFERENT
RETAILING
RETOUCHES

SELLOUT
SLANT
SLITTED
STUFFED
TRANSPORT

Puzzle #19

Assorted Words 19

```
L N E T H G I R F A G F F A M
T J D T L F O N D E R B O M A
S B I M S E T A R G T H O R N
A Y R R P E E L B U T N O C T
L K E T I Q D P E R O L P X E
I S C O N S T R U E S R T P L
E K T U G Y K A A S P V K M B
N E N P J Y R I R W H Q G X W
T L E E Z A A H E S K I D T V
S E S E P I E R M R O W R C F
B T S C I T O I B I T N A E H
T O E K B U M E R M A I D S S
Z N W L M U D I S T A F F V G
D K S W S T N S I N K H O L E
T P E S T I L E N C E S C S V
```

ANTIBIOTICS
ARSON
AWKWARDEST
BLEEP
CHAMBRAY
CONSTRUES
DIRECTNESS
DISTAFF
EXPLORE
FONDER
FRIGHTEN
GRATES
ISLETS
MANTEL
MERMAIDS
PESTILENCES
RISKIER
SALIENTS
SHIRES
SINKHOLE
SKELETON
THORN
TOUPEE

Puzzle #20
Assorted Words 20

```
Q W S S E N S U O E D I H P K
T J M I D O L A T E R S C O U
A N F M A N S A R D R Q A R P
S E E S E Y A G O B L A T E H
V H T M G R D L N E J B N L O
T A G L E N O N E I J F A A T
F R Z Y B G I G A M P Z P Y O
T M D K L O D N E H O M P E G
C O L L E C T I O N S H I D R
O N O T O H P L R K O C N R A
M I R E B U I L T B C U G E P
I C A P A S S K E Y A E S N H
N A U S D N A L R E V O B S E
G Y L S U O I R B U G U L W D
X V Z C O N S T R I C T I N G
```

ABRIDGEMENT   HIDEOUSNESS   PHOTOGRAPHED
BECKONING   HOMELAND   PHOTON
CATNAPPING   IDOLATERS   PRIMPING
COLLECTIONS   LUGUBRIOUSLY   REBUILT
COMING   MANSARD   RELAYED
CONSTRICTING   OBLATE   SHANDY
EROGENOUS   OVERLANDS
HARMONICA   PASSKEY

Puzzle #21

Assorted Words 21

```
G N I P U O R G E R F U F B U
D B D D N C R S H A K O O H Q
W A N C E S T O R S G N I L S
B T C R V H A Y T E O W E A D
M H E G U I C M L A I B H Q P
O R S K N T L N E R I C G H Z
U O V T C I P L A N E T A D L
L O T W R A T U A R I T I L X
T M U V R O J R F I B C T N G
S E R U T I T S E V N I T A I
O S Q U A T T E D X V Y K A L
G J T B X H B U S I E S T O E
O V E R T U R N S T I F T U O
Z J M K G L A M O R O U S P F
B T I Q M E N H A D E N B J I
```

ANCESTORS	HOOKAHS	OVERTURNS
BATHROOM	INITIATOR	REGROUPING
BRANCHED	INVESTITURES	SLINGS
BUSIEST	JACKET	SQUATTED
CINEMAS	LATTERLY	TORTS
EXERTING	MENHADEN	UPTURN
GLACIERS	MOULTS	VILLAINY
GLAMOROUS	OUTFITS	

Puzzle #22
Assorted Words 22

```
C B W S S M U I N N E L L I M
J A E D T P G L S L I D E S R
B C N L E N O N E J W X R P A
E K A O G T E H I R W E M R M
A B M P N N A M S N E X T A B
T I U C T I A I L R R K P I L
E T L O A I Z T R L E A C R E
R T X G G T O A N P O B E I S
I E S N K R A N T E O R R E P
E N X I C Y E L S I S R N A Q
S W A T E R G Y O F O I P E B
H O P I N G G M E G D N D X F
T D R O W N I N G S S J S V E
G T I N T R O V E R T E D K A
O F R I G H T E N E D C F I V
```

BACKBITTEN
BARBERSHOPS
CANONIZATIONS
CAPTIONS
CATALOGS
COGNITION
DISENTANGLE
DROWNINGS

EARNING
EATERIES
ENROLLMENTS
EXPROPRIATED
FRIGHTENED
GREYEST
HOPING
INTROVERTED

MILLENNIUMS
PICKEREL
PRAIRIE
RAMBLES
SLIDES
WATER

Puzzle #23

Assorted Words 23

```
D E L I C A C I E S C D G F O
H E A D M O R T I F I E D L I
J D T B R G R P R I O J S A N
S X E A A A N P G N Y K T N T
J A P T L N M I U P E D A D E
R Q C L I A D A Y L G K N S L
A E F H V D C O T F E S Z L L
M D M I E T E S N I I N A I E
A P R I R M R R E S Z S C D C
N U R U A M S E C E F E L E T
I L P N D L N P V G D J D A S
A S Y L F G C E D W C Z Q O F
C A O C C D I S S E C T I O N
A R B J I W V N I S E Q N I N
L S E L D D U M G D E I V N E
```

ABANDONS
ALIVE
CORPULENCE
CREDITED
DEESCALATE
DELICACIES
DISCLAIMER
DISSECTION

DRAMATIZED
DRUDGING
ENVIED
FALSIFYING
FIRMNESS
INTELLECTS
LANDSLIDE
MANIACAL

MORTIFIED
MUDDLES
PULSARS
SACHEMS
STANZA

Puzzle #24
Assorted Words 24

```
G Q B T A P R O O T X E Q I Z
T A T T O O P E N T H O U S E
K M E T O N K P O T T P I U T
X E H T C E M N R J R E N N Y
I W M G A Z M H B A I N T B P
M H K B S P A I H J B I E R E
P S C B A L L O T M E N T E W
I O M S R R A U B I S G T A R
E D I V I D R I C E R S E K I
T G M O B I X A C X Y A Y A T
I U B K B L U N S I E S M B E
E S T E C A F C P S F V W L R
S H S M O T H E R E D F C E S
C E X C R E E L I N G W O A C
H D E T N U A J A Z Z Y I Z O
```

ALLOTMENT	IMPIETIES	QUINTETTE
CREELING	JAUNTED	SMOTHERED
DILATE	JAZZY	TAPROOT
DIVIDE	MARITIME	TATTOO
EMBARRASS	OBEYS	TOPKNOT
EXCULPATE	OFFICIALS	TRIBES
FACETS	OPENINGS	TYPEWRITERS
GUSHED	PENTHOUSE	UNBREAKABLE

Puzzle #25
Assorted Words 25

```
T R O O L O C C I P J Y U X J
R E A C T I V E O B H J V O N
J G N I S P I L C E Y P E R W
E B M Z P H O M E O W N E R S
D L B S H M T J V S N I A R T
M N B G E Q I N U L C E R S G
U E O A N I K N O C K E R S P
I R U I S I P T I I T K V D U
U Y C J T S V A R S L I W K Y
Q U F A N P A I R A K L P H A
J U N G L E E P N E D I I S J
F D E B J V S C B N H U R B Y
T H R U M M E D N N O T C T Q
D U M F O U N D S O W C C E S
E T A C I L P I R T C R A W L
```

BILLIONTHS
CALVED
CONCEPTION
CONNIVING
CRAWL
DUMFOUNDS
ECLIPSING
HOMEOWNERS

JUNGLE
KNOCKERS
MINISKIRTS
NERDY
PASSABLE
PICCOLO
REACTIVE
THERAPIES

THRUMMED
TIPSY
TRADUCE
TRAINS
TRIPLICATE
ULCERS

Puzzle #26
Assorted Words 26

```
N O E G D U M R U C S L E I L
Z U D H T E K R A M R E P Y H
X N S G P R O O T I N G K W L
A C B E F A L L D O F Q V A T
C D E B T R T G G X N R F N L
S Y E D D A M O R N O N U S X
O G E T I E P O N A I B E I M
S R N D E S T I O E P G E P M
I E T I E R Y A C R C E N C M
N M L N U V A R L I T M D I I
U C B K A L E L T F T R L N R
X L Y E C L A I C N E N U G P
S K M O D U I V H D U D A O E
L Q B U B S S C E C R O X T C
D Y L S U O L U R R A G C Z V
```

ACHIEVED	CURMUDGEON	REVALUING
ANTICIPATES	DEFLATED	RINGING
BEFALL	GARRULOUSLY	ROOTING
CENOTAPH	GRAPED	SUCKLES
CILANTRO	HYPERMARKET	TONNE
CLARETED	ICEBOX	
COUNTRYSIDE	IMBEDS	
COURTROOM	LAKES	

Puzzle #27
Assorted Words 27

```
T U S S T N I A R T S N O C E
P J G N A N E U C I L R U C X
R P O J O P I T C H E D D O T
E G N B I L L E T W E C G T P
S R L A M Q H G N I L P P I R
C E O O P L U T Y E B T O U O
H T O H O L F E A F G B J H T
O R K Q R M K N E I O D C D O
O A E K T Y I M D N B C A M Z
L C R Q A U G N T Z E F M B O
C T S S N N O K E C J D U A A
D J L N C B Y L I S M U L C N
F X M D E W E N I E S K E R Z
O N B B S M S I L O B A T E M
V U M Q O V E R N I G H T S G
```

AMULET　　　　　GLOOMINESS　　　　PROTOZOAN
BADGE　　　　　IMPORTANCE　　　　QUEENED
BIATHLONS　　　METABOLISMS　　　RETRACT
BILLET　　　　　NEWED　　　　　　RIPPLING
BITTEN　　　　　ONLOOKERS
CLUMSILY　　　　OVERNIGHTS
CONSTRAINTS　　PITCHED
CURLICUE　　　　PRESCHOOL

Puzzle #28

Assorted Words 28

```
R M S R E H P O S O L I H P V
U L G N I W A J N D S P W X Z
R U G N A B E H S D W E M X R
E Z T T I H R D C J E L S S R
S R O O Y T W R E T S I N A C
T U T E R R A G O A F M L F O
A S D G E Y D D A P N P A L P
U T E R C G B R I O O I V R A
R I L I O I N E A L N N G E X
A E W F N T N I D Z O G M A E
T R O L O W U O B T I S G R V
E Y R E M I A T R B I W N H X
U P M M I G I R J I U M P O G
R P E A E O H I B O L L E D C
P M D N S U R G I N G Z C S P
```

ALLIED	GARRET	RIFLEMAN
BEDTIMES	IRONIC	RUSTIER
BOLLED	JAWING	SHEBANG
BRAWNIEST	LIMPING	SURGING
CANISTER	OASES	TUTOR
CLUBBING	PADDY	VAGINA
CONSOLIDATING	PHILOSOPHERS	WIZARDRY
ECONOMIES	RESTAURATEUR	WORMED

Puzzle #29
Assorted Words 29

```
A P G Y L S S E L H T A E R B
H P T N S T N A N E T U E I L
A M P J I K G V H T J V J Y C
N I W E V R Z R W T J O Y L O
D S M R N N E D I F Y I N G N
W S B P G D F E E D K X Q S D
R I A T O N A L N T D J B P I
I O Y X P R I G N A O L U U T
T N I Z D I T H E R C I E R I
I A N L W F A U S S E C R T O
N R G V I H I A N I M T U S N
G Y S E X I E S T E N D S B A
E L L I P T I C A L S R X I L
W O T T E R B I L U N A U N C
D E C S E L A V N O C T B B L
```

APPENDAGES
ATONAL
BAYING
BREATHLESSLY
BUCCANEERING
BURNISHING
CISTERN
CONDITIONAL

CONVALESCED
EDIFYING
ELLIPTICAL
GRIDDLE
HANDWRITING
IMPORTUNES
LIBRETTO
LIEUTENANTS

MISSIONARY
RIOTED
SEXIEST
SPURTS

Puzzle #30
Assorted Words 30

```
M W D H M S T S I N R E D O M
R D E E E U S V M S V T H J Q
P E B D D S S E A L N K K C H
R E K T D N I H V O A U N O Y
O I P C L E U T R I G B X F K
G N M P I A R O A O T N M D D
R D A F C L K T R T O A I E X
E I Y M Q D F U D G E M R B I
S R K Z A E R O H C D G S U H
S E W B U R E A U C R A T I C
I C I Q E S A S T I N G E R S
N T L R L Y G N I R E T A R C
G I S E T S R E T O O H S L K
B O O X Y N T U N H B T M A L
U N J M X D E G N A H C X E J
```

ALDERS
AMARANTH
BINGO
BUREAUCRATIC
CHORE
CRATERING
CURATIVES
EMBALMS

ENTRIES
EXCHANGED
FLICKER
FUDGE
HESITATE
INDIRECTION
MODERNISTS
MUSHROOMS

PROGRESSING
ROUNDED
SHOOTERS
STINGERS
WEDDER

Puzzle #31

Assorted Words 31

```
L A N O I T C N U F W F O I W
O X Y G E N A T I N G D Z I A
Q T N A R U A T S E R Z Z S E
U X A E B M H B B R I Q U E T
A E C N A N E T N U O C E M Z
R R V S E L O S N I B S Y I M
T S E I H S P M A R C G O L N
E N C G T R T S P U E K A H S
R P Z A A A A H Y S T U O R T
F Y F J M N I D E S U O L B B
I B J R W P A C I T Z R W U V
N R O B N U I T O A I M F B A
A R C H E C K E R S N Z B E I
L A I D E M E R S K S C E J D
M N H M G A R D E N I A E D Q
```

ANESTHETIZED	GARDENIA	SHAKEUPS
ASSOCIATIVE	INSOLES	SURFED
BLOUSED	OXYGENATING	TANAGER
BRIQUET	QUARTERFINAL	TROUTS
CHECKERS	RADIANCE	UNBORN
COUNTENANCE	REMEDIAL	
CRAMPS	RESTAURANT	
FUNCTIONAL	SCAMPIES	

Puzzle #32
Assorted Words 32

```
J Q H S E N S I T I V E L Y V
R H E A D H U N T E R H Z G L
V W Y T I L I B A C I L P P A
E L G R U G D Z R E L B B O C
E N S W I G S N W U B D A V O
W Q E S I N W E U S E Z E E M
P U S V R M B T G O T X B R P
R I H Q A E P R B N R U L C L
O V R Q M R L R A H A G O H E
H E I X U G T B O S Y H B A M
I R K S L E N N B P S G C R E
B D E Y L E P Q O I E E J G N
I Z S E I P C H R C R R S E T
T E S Z O T R U E S T C T D E
S M O U N T A I N T O P S Y D
```

APPLICABILITY
BEANS
BETRAYS
BRASSES
CHANGES
COBBLER
COMPLEMENTED
CONTRAVENE

GROUND
GURGLE
HEADHUNTER
MERGE
MOUNTAINTOP
MULLION
OVERCHARGED
PROHIBITS

PROPERTY
QUIVER
SCRIBBLERS
SENSITIVELY
SHRIKES
SWIGS
TRUEST

Puzzle #33

Assorted Words 33

```
A G N I M O C R E V O G S N P
U Z H O O D O O E D X H Y J I
O F M P K D E L L I R D N U C
N X K M P X B S E P G V A N K
S U H I T H E R A C B B G G P
E M X H D M S Z W V F R O L O
T O R C T V I C I B N E G E C
S T K O R M E M C L U A S S K
T I T C W D G Z Y E A D C A E
O V C I O W E J O U S T E D T
O A K O G T O R C R G H U P B
P T R Q R E T L U A S S A R C
I O Q P U K R A G L R O J P B
N R J P H N C S M Q L M I M M
G S U P M D E Z I T P A B K G
```

ALLURED
ASSAULTER
BAPTIZED
BESIEGE
BREADTHS
BRUTALIZE
CANVASED
DRILLED
GLOWWORMS
HITHER
HOODOOED
JOUSTED
JUNGLES
MATTOCK
MOTIVATORS
ONSETS
OVERCOMING
PICKPOCKET
STOOPING
SYNAGOGS
TIGERS

Puzzle #34
Assorted Words 34

```
E O D D I T I E S T U O P S M
N S Y L A V E N D E R S J R I
S A S A B L E I K M H U H R N
I N I K U E L R E T N I N Y U
S P V G S E C I T T A L I T T
P R G O V E R N O R S H I P E
I E O S H U S B A N D E D Z M
A A G S E U T L D V Z Z S O A
N C H N S S B N O Y E A R U N
O H L B I E U O D P C I B X X
F E Q E U M L R O E P U R H Q
O D B P R T L C E S N E A G W
R S U G J I O I S T B W D S J
T C M Z R W C Y F J U K A Z L
E O U C Y J K S R E G N A D M
```

BULLOCK	HUSBANDED	PIANOFORTE
CLERICS	INTERLEUKIN	PREACHED
DANGERS	KIELBASAS	SAUCY
DAWNED	LATTICES	SLOPPED
DODOES	LAVENDERS	SPOUTS
FILMING	LESSORS	UTERUSES
GOVERNORSHIP	MINUTEMAN	
GRIEVANCE	ODDITIES	

Assorted Words 35

```
S S E N S S E L D N I M P P S
B E A R D E D E R I F S I M M
I R X K S T U O L F U D C T R
G M Y N P G N I N N U G X E A
H E F O R A G E S F N P D N M
O F L W L T C N M D W O F F I
R C I I B A N S B E R S X O F
N J E N W G U U L D U A N L I
S N U G O H S N A O C O T D E
T I D E D C N Y D J O V N E S
W S K R A M E R D R L F S E P
M I S B E H A V E D Y N J O D
S T G U S E I R R A C S I M A
F N O N V I O L E N C E Q N Q
A O K R E N O I T I T E P Y G
```

- BEARDED
- BIGHORN
- BLADDER
- DENOUEMENT
- FLOUTS
- FOOLSCAP
- FORAGE
- GUNNING
- JAUNT
- KNOWINGER
- LAUNDRY
- MINDLESSNESS
- MISBEHAVED
- MISCARRIES
- MISFIRED
- NONVIOLENCE
- PETARDS
- PETITIONER
- RAMIFIES
- REMARKS
- SHOGUNS
- TENFOLD
- TIDED

Assorted Words 36

```
E G A L I T A R I A N S P K P
F G T F I R S T S K O O P S U
G R D C B T S E I N I A R E P
D W O S F C O P I L O T S I P
S Z E N R C I Y W H S Z C M I
J D E P T E D F X H T Z A H E
E K N H O A K R J G A A H L D
R J S E C A L C U L A T E D B
E O Y N T J F O A M O Y S R S
M B J Y G X J W L R M T B G B
I H N Z R K E H N F C I V Q V
A E X C E P T I O N S T N Q R
D P L A C A R D E D U R U G N
Y D E P E N D E N C Y A O N R
M L A C I G O L O C E N Y G U
```

BLAZONS   EXCEPTIONS   PUPPIED
BREATHIEST   EXTENDS   RAINIEST
CALCULATED   FIRSTS   SPOOKS
COPILOTS   FRONTAL   WHATS
COWHIDE   GYNECOLOGICAL
DEPENDENCY   JEREMIAD
DRUMMING   NUTCRACKERS
EGALITARIANS   PLACARDED

Puzzle #37

Assorted Words 37

```
M P P O L Y G L O T S L Y U K
C O T S I L A U D I V I D N I
M O P A P A S G N O L E V I L
I N T R U S T I N G Y M C G A
F E R P R X R D E B B A H E R
R I S D A E O L F O J Y Z R A
I L J N X C O N F E R M E N T S
V K M S U F O R Y R O K V L J
O J A Z T X M S E F T S R U E
L K G W W A Y L E T I S T A E
O D N Q C Y N M A H S R E E F
U D E W E M R T P P T A T K D
S Q T I T T E R L N A E E E A
W P S S T A R C H Y G N E C P
V D A U G H T E R S T S T T I
```

CONFERMENTS INTRUSTING POLYGLOTS
DAUGHTERS   KESTREL   REHABBED
EASTERNER   LIVELONGS   STARCHY
FRIVOLOUS   MAGNETS   TEETHES
FROSTED   MEWED   TITTER
GASTRONOMY NAPALM
INDIVIDUALIST PAPAS
INSTANTLY   PETRIFY

Puzzle #38
Assorted Words 38

```
D E S E N S I T I Z E S J A N
O B D Q U D C R E F L E X E S
X G D E R E H D A L D F Z F W
H Y L U Q R I C N E L G N U J
A P F W C Q R R I L A R I A T
N S U O O D P U S R U A I R W
D I N F R Y E R E Y C D Z G C
C E S E U A D W E G W U E P K
R S P Z S L G D D T O A L H W
A E O Y C R M E N U T T R A F
F W K I A X A I R J I I H E R
T A E X T K S O N S P O S G B
I G N X E A C M C A V N W U A
N E D O D D E R S P T S O M M
G N I Y F I L P M E X E B T Z
```

ADHERED
ANISEED
CHIRPED
CIRCULAR
COARSENS
CORUSCATED
DESENSITIZES
DODDERS

EXEMPLIFYING
FORAGERS
FULMINATE
GRADUATIONS
GYPSIES
HANDCRAFTING
JUNGLE
LARIAT

REFLEXES
SEWAGE
SITTER
UNSPOKEN

Puzzle #39

Assorted Words 39

```
T H E L I C O P T E R E D X R
E M O N N H S I L R U H C E P
E P I L O G U I N G Y U Z W L
K C B B I N O C U L A R M J I
Y R D E R E P I L L A C O M L
X U J Q D E A N I N G N T X P
O I N S E C T I V O R E I Y U
D E R R A B S S O R C F V H N
A F C E L E B R A N T S A G C
B R D I Y B A R R O O M T G L
T E S O L C N I V H B L E M A
I M P O R T A T I O N S N X S
O J H B L I N K E D W U O N P
Y V C C A R B O H Y D R A T E
G N I Y A L E D V L Z J A C D
```

BARROOM
BINOCULAR
BOASTER
CALLIPERED
CARBOHYDRATE
CELEBRANTS
CHINA
CHURLISH

CROSSBARRED
DEANING
DELAYING
EPILOGUING
HELICOPTERED
IMPORTATIONS
INCLOSE
INSECTIVORE

LINKED
MOTIVATE
UNCLASPED

Puzzle #40
Assorted Words 40

```
I  D  J  B  T  Q  A  B  P  U  P  P  E  D  S
N  I  Z  O  U  S  S  R  H  X  M  R  S  B  A
D  N  C  O  M  P  R  E  H  E  N  D  S  G  V
I  S  R  B  G  N  J  A  H  Q  M  L  U  G  A
G  T  I  O  O  I  H  T  W  S  T  L  V  Q  G
N  A  M  I  V  T  D  H  N  O  I  T  A  N  E
A  N  P  N  B  P  A  E  D  N  O  F  Y  I  R
N  C  I  K  A  I  K  N  M  E  Y  I  G  H  Y
T  I  N  W  X  C  Z  U  I  O  I  H  O  O  N
L  N  G  Y  R  K  G  C  I  C  O  T  N  D  D
Y  G  S  M  S  I  R  A  B  R  A  B  N  U  P
F  A  S  C  I  N  A  T  E  D  E  L  R  U  J
C  H  N  F  Z  G  N  G  L  A  S  S  I  N  G
O  G  N  I  Y  F  I  N  O  S  R  E  P  D  X
L  I  T  E  R  A  L  O  W  X  I  N  E  F  Y
```

BARBARISMS	FASCINATED	PUPPED
BELOW	GLASSING	SAVAGERY
BOOMED	INDIGNANTLY	UNTIED
BOTANICAL	INSTANCING	
BREATHE	LITERAL	
COMPREHENDS	NATION	
CRIMPING	NITPICKING	
DOGFISHES	PERSONIFYING	

Puzzle #41
Assorted Words 41

```
G W M U S K E L L U N G E J Z
A O Q E I R E G A N E M B Z Y
R H O G L Y R G N I C I O V I
C C S M U L L E B E R E C B R
S O A I G N I L I N K M U I C
T T M N N G M F I B W H R W O
A B I P N E S A L S B A D Q I
G D A P L I T H D U S A R N N
N S M E P A B T E E O B R P C
A E B I G L C A I B Q U C C I
T E P C R S E E L K A A S T D
E R G T N E M T N I O N A N E
S S C U L P T O R C S J G S N
K Q I K S D N E T X E M W S T
V D G S E Z I L A N O I T A N
```

ADMIRE
ANOINTMENT
CANNIBALISM
CEREBELLUMS
COINCIDENT
COMPLACENCE
CRABBIER
EXTENDS

KITTENISH
MELLIFLUOUS
MENAGERIE
MUSKELLUNGE
NATIONALIZES
PRAWN
SCULPTOR
SEERS

SHEBANGS
SILLY
STAGNATES
STIPPLE
UNMADE
VOICING

Puzzle #42
Assorted Words 42

```
H U H D U Y R S E L T T E K N
R O T C E L F E D N A R H V Z
S O O L O H S K V G O T A H K
Y I L S M Z S T S I C R O X E
N U S A D D D I A N R T C Y M
S O G E V A E S M T E D S A Z
G A T N I C E L E E E K E F M
S N L T I F H H U R L S C H C
O S I O U L I E R R U B I I M
L M R S I B C N R E R S B D S
I L P E S D S A O I T E O M E
D R O V S I A X N S S T V L M
E J X Y L W K L U A R H E O C
S U R V E T A R G A M E E L C
T S R E T T U H S O T P P D H
```

BLEMISHED	GRATE	PERSONIFIES
BUTTON	HAWSERS	SHUTTERS
CHERISHED	KETTLES	SICKEN
CLOSURES	KISSING	SOLIDEST
DEFLECTOR	LETTERHEADS	STATESIDE
DRIVER	MACRON	VALOR
EXORCISTS	MANACLING	
GLADIOLAS	OVERRULED	

Puzzle #43
Assorted Words 43

```
S C C S K T K C A R T O O N O
S T I O C S N S T N U A L F S
C E R M N O E E P J Z M Z Y H
S U L L S G N R I E F K N T I
X T R D T Y L G U T E I N W P
F V N L D L L O R S A L L F P
R R C E I A I C M E A P B B I
U O P O M C D Q A E S E T F N
M D L Y H E U E U T R S L U G
M I A Z V N L E K I A A M P O
A N T R L T K E S S D C T A O
G G E M C A T E G O R I Z E N
I H A L L U C I N A T E Z K D
N G U S L R A N G C B I O E A
G P X T L S E T A G I T I M S
```

BLEEPS	ELEMENTS	PLEASURES
CARTOON	FLAUNTS	RODING
CATACLYSMIC	GNARLS	RUMMAGING
CATEGORIZE	HALLUCINATE	SHIPPING
CENTAURS	LIQUIDIZES	SKEDADDLES
CONGLOMERATED	MITIGATES	
CONGRESSMAN	OUTPATIENT	
CURLICUES	PLATEAUX	

Puzzle #44
Assorted Words 44

```
D D J C D L R K B O P O A Y T
W E R D E T R N R H O L M A X
T Z N E E V U J I B O H B R I
Z I V R A L B T G B H I C D I
L E T T E M I O H P E B F A Y
A S T S D T L F T D D X T G O
S E S A K E N A E C E A S E S
C R R E N R P I N Q H Y R W M
I F E O L I O P S D R I K F O
V H A H C T M C A L L I N G T
I G A L S A H O Y L E A H G H
O L B I Z U B G N T C A S A E
U Z L B S W L L I E E N U C R
S H O W E R G B A L D M I F E
C T I Y L I K C O C F V O P D
```

ACHOO	COCKILY	MOTHERED
ALBACORE	CORKS	POOHED
BLUSHERS	DENOMINATE	SHOWER
BOTCHING	DREAMLAND	YARDAGE
BRIGHTENS	FILED	
CALLING	FLIGHTLESS	
CEASES	INTERNED	
CLAPPED	LASCIVIOUS	

Puzzle #45

Assorted Words 45

```
Z D R P Y Y L L U F T S A O B
S B C I N S U F F I C I E N T
O E A H S E V A E L R E T N I
A G U S O S V C G O W Q M Q W
P R T K E C W Q A O L K Y G R
I S E W U U K D W Y G O T L E
N U R L G A Z E B O M G W U A
G L I E B W A R D E R S L I K
A F Z I H B F F R I S K I E R
H Y E Z D T A S P E C K S S D
D E M E E S O D C T R C S T B
X G N P R E E M P T S Z A H X
S E R U T P U R D J C N F L L
S E Q U E L U K C O M M A H F
M U S E R I P S E R G M A E O
```

BOASTFULLY   GODMOTHERS   SEEMED
CAUTERIZE   GOGGLED   SEQUEL
CHOCKED   HAMMOCK   SOAPING
DABBLER   INSUFFICIENT   SPECKS
FLACCID   INTERLEAVES   WARDERS
FRISKIER   PREEMPTS   WREAK
GAZEBO   RESPIRES
GLUIEST   RUPTURES

Puzzle #46

Assorted Words 46

```
M Q P U J E E R I N G L Y C O
L A I S R E V O R T N O C S V
Y B Q C C T N E U T R I N O E
S N O I S S I M R E T N I S R
C O U T C A S T L V P V Z E P
S O Q M T U I L Q E D F C A R
R G A P I N G P A N A C Z W I
D W A G B R O W N I E S T A N
S E Q B U X Q B R N N X G R T
Y E L O Y L G H O G J O M D I
M R C K S E A I Z S I Q L S N
A U D N C K N T B C C I K O G
C N E N I E R O I J D E O O C
S V D H U R R U M N C P S D Y
C A X P R S P F L U G G A G E
```

BROWNIEST INTERMISSIONS PRINCES
COAGULATING JEERINGLY RHEUM
COLONIAL LUGGAGE SEAWARDS
CONTROVERSIAL LURKS SUNDRY
COOED MONEYBAGS
EVENINGS NEUTRINO
FRECKLED OUTCAST
GAPING OVERPRINTING

Puzzle #47
Assorted Words 47

```
G N I T O N E D Z Y P P O L S
Y L L A U T N E V E B Z D A Q
S C P I P E K A R D E Z K Y F
L R G S L E Y D R U D G I N G
E R U O P O C L L R U E M H E
C S A E P K C I H C E T U I R
T X S W S H B E B F H V J U D
U C Y D V S E R C D P U E O A
R C Q A Y R I R K I T T E N S
E D R U G S T O R E S Q D G M
S A N D A L L G N I D N O F M
C I G L A R U E N N O O Q U M
S L I V E R E D X R O Q E X Y
S A R D I N I N G I T C G E R
C W R X T D E T A I C A M E B
```

BICEP	DYSLEXIC	NEVER
CHICKPEAS	EMACIATED	SANDAL
CONNOISSEURS	EVENTUALLY	SARDINING
DEADLIER	FONDING	SLIVERED
DENOTING	GOPHER	SLOPPY
DRAKE	KITTENS	
DRUDGING	LECTURES	
DRUGSTORES	NEURALGIC	

Puzzle #48
Assorted Words 48

```
P D T A K E A W A Y S I D O S
G C E M I S K U N K I N G E I
T E O P C G N I T A U D A R G
O N D L O T W E A K I N G E F
U V E D O R E I P M U R F C E
T S P M M N T W E I V E R A L
L J E B E G N I L O O C E P L
A O L I S L Y A N C B E G I O
W T R S R C P N D G P H R T W
I T N D N A I P S E M H E U S
N I L E I E E M U A S D S L H
G N K I M N M R E S L L S A I
B G H S T R G A D D H O I T P
O J M A H S E X T E N T N E S
K U P L A N D F Z S T E G D U
```

COLONNADES	FRUMPIER	SALON
COOLING	GRADUATING	SKUNKING
DEPORTING	JOTTING	STAMENS
DREARIES	LORDING	STILT
ENDEMICS	OUTLAWING	SUPPLEMENT
EXTENT	RECAPITULATED	TAKEAWAYS
FELLOWSHIPS	REGRESSING	TWEAKING
FERMENT	REVIEW	UPLAND

Assorted Words 49

```
T S I T I A R T R O P X E U I
S N O I T A C I F I T O N B Y
L M G D B O S T A T I N G X R
L B A C K S L I D D E N S A E
A L D P R R E B S A H I B S P
B A Z U J E D N O I X T D X U
O N M R P K V Q H P L Y C Y D
R K A P I L D E T A R E B O I
I E R O T M I E L A N A D X A
O T G S C S I C R A B C S W T
U E A E H C O A A U T B E P E
S D R S E O F J L T T I I R S
L T I U R N N A J C I L O N T
Y U N B U C K L E S E N U N G
D L E U Q E R P C O G R G C S
```

BACKSLIDDEN
BERATED
BLANKETED
CULTURED
DELIS
DUPLICATING
ENHANCER
LABORIOUSLY
MARGARINE
NOTIFICATIONS
PITCHER
PORTRAITIST
PREQUEL
PURPOSES
RASPS
RECLAIM
REPUDIATES
REVELATIONS
SAHIBS
SCONCE
STATING
TABBING
UNBUCKLES

Puzzle #50
Assorted Words 50

```
S E K O R T S R E T S A M L K
I M P L A C A B I L I T Y O N
W F L A G G A R D S C V T H E
P F G N I X I F S I L T I N G
R K S T N A D N E T T A X Y E
V F E M U R S M E T E R E D N
Y L T N A L L A G G X Q F H C
D E H T O O T K C U B I R G R
C J I G A T R O P H I E S J O
N L O U D L I E R I T X H H A
F N U B S S E N K C I S R A C
Y U H E G N I C I D N U A J H
X B R W O Y L F N O G A R D E
S J W G F U L F I L L I N G S
T S E R O O P W E R Y K N U H
```

ATROPHIES
ATTENDANTS
BITINGLY
BUCKTOOTHED
CARSICKNESS
DRAGONFLY
ENCROACHES
FEMURS
FIXING
FULFILLING
GALLANTLY
HEALS
IMPLACABILITY
JAUNDICING
LAGGARDS
LOUDLIER
MASTERSTROKES
METERED
POOREST
SILTING

Puzzle #51

Assorted Words 51

```
E L U O J F S T R O N T I U M
C Y U A S T O U N D A E Y P V
O Y L N A M N U Y R R A M E R
L B S T E R I L I Z E S A R D
O S E S P I L L E I T X E F O
G V Z E A M T N E R A Z L J V
I U A U T H O R I T I E S I E
C M K H I I C M E S N T T D R
A S P R U I K O S C U C R E S
L P V O S W I M M I N G O A T
B Z O T R A C K C N N O M L A
S S A L C T U O I C M G C I T
Q U I N T U P L E T S N L Z I
G N I R E H C L U P E S F E N
S H M D L P U P P I E S Z D G
```

ASTOUND
AUTHORITIES
CONCERTI
ECOLOGICAL
ELLIPSES
IDEALIZED
IMPORT
JOULE

MAELSTROM
MOCHA
OUTCLASS
OVERSTATING
PUPPIES
QUINTUPLETS
REMARRY
RETAIN

SEPULCHERING
SINGLE
STERILIZES
STRONTIUM
SWIMMING
TRACK
UNMANLY

Puzzle #52

Assorted Words 52

```
M C P O I N T I L L I S M M X
S R I E L N U R S E R Y C T D
A I D T S I D E B A R H Q M T
N D M I A T A S R N X J U Z Z
D H I I S M L Y D N Y P A O S
B T C S A M U I G E A H F S U
A S Y O U N O E T S D W C P N
G X S U S S E U N S J N J O B
G K X S K T E O N P U B O O A
E V K O Q D A S A T R H R F T
D D H N W C O R N M E A L E H
F E S T I V I T I E S D F D E
D E N C U M B E R E D A V F R
L V H R E S E R V I N G X Q S
D G B D E S U L C E R O P E N
```

ADJURES	LEANNESS	SIMIAN
CORNMEAL	NURSERY	SOAPY
COSTAR	PNEUMATIC	SPOOFED
DISMOUNTED	POINTILLISM	STILTS
DISUSES	RECLUSE	SUNBATHERS
ENCUMBERED	RESERVING	
FESTIVITIES	SANDBAGGED	
FONDED	SIDEBAR	

Puzzle #53

Assorted Words 53

```
F E P B D Z D H T A M I R P D
Y N L E E E W E T C E L E S O
N R G I G C N R U H H F A N M
O E O A R N O I F G M M R P A
R D N T B E I M A H A T M A N
T D C D C U T T I D K L V R I
H X E J L E S S T N S S P A F
E N V C X E J H N O G I T D E
R O N C I G S B M I N S D E S
N M V S N D P S O E P K H D T
E T R O M P E E N V N P Q G O
R V B A D D I S R E P A I R E
S P R I N K L I N G S F P P S
L O R R Y P L U R A L S F E Q
W T E Z I L A U T C A P I L B
```

ACTUALIZE
BECOMINGS
BUSHMEN
DECIDES
DISDAINED
DISREPAIR
ENDLESSNESS
KNOTTING
LORRY
MAHATMA
MANIFESTOES
NORTHERNERS
OBJECTOR
PARADED
PIPPIN
PLAGUED
PLURALS
REARM
SELECT
SPRINKLINGS
STERILE
TROMP

Puzzle #54
Assorted Words 54

```
Z G A X Z Y L E U Q A P O I S
B Z D E T A U T C E F F E I U
X E D U T E I U Q Q S D L V B
D D Z W N L A I T S E L E C L
O E M I I H Y R E D U R P K E
T K R M D S S I M S I D W U T
S N T A N I A W D I A E R R T
C W E G D C R F V E N T A E I
O J C I U N R B O A R G R L N
L P A C R K E A Y U X A W A G
I H F L I O A L D H L I P P P
O S T I F O R P A E V Q H S M
S F K C D O S A T C C V H I D
I E C N E T S I X E K J G N I
S H O U S E C L E A N I N G W
```

AFOUL	EXISTENCE	QUIETUDE
ARMING	HOUSECLEANING	RELAPSING
ARREARS	HYBRIDIZE	SATRAP
CALENDARED	MAGIC	SCOLIOSIS
CEDAR	OPAQUELY	SPARED
CELESTIAL	ORIENT	SUBLETTING
DISMISS	PROFITS	
EFFECTUATED	PRUDERY	

Puzzle #55

Assorted Words 55

```
Y R E R E A D I N G O D B S H
E B X C O N N U D N E O D D T
X N I V G G U S H E S K B J Z
Z R T H I N S O U C I A N T N
B E L E A G U E R I N G X I N
X D M A R S C Z R R P O O C S
S E R I U Q C A V D I B L O G
S S X I S R L F T Q E P E Q B
P G O P E E C K H H V B T L G
J L N R O S I C Y L A M M E A
W G A I G R T T A N S R F A R
O Y W T R N T S R B I N T H L
V O V L O R E E A A V T Y I U
R T A W F O E E R E E L U I C
R E U N I O N H Z S Y H M M I
```

ACCRUAL	ENTER	MUTINY
ACQUIRES	EVASIVE	PLATOON
BELEAGUERING	EXPORTERS	REREADING
BOOGIED	GUSHES	REUNION
CATHARTIC	HEARTIES	SAHIB
DRIEST	HERRINGS	SCOOP
DUNNO	INSOUCIANT	YEASTS
ENGROSS	LAMBED	

Puzzle #56
Assorted Words 56

```
R E A P P E A R S D S B L G D
S D R A U G E F I L V L O J M
F Y R B R E A S T S T R O K E
Q I U E T A U T N E C C A T R
C O R N I C E S A G R J A Q C
T H T E E T Y J S M K U H I A
R Y S Y H O T S K D O J O L N
O U D A J O P A L S K T K B T
T L W R Q F U O H I W V U G I
T C E X I S T S G C A K W A L
E E H U B B Y J E R S E Y S E
D R X F S L L O R S M J J X P
W O L L E F D E B O S S I E R
Q U M D E S S E T S O H Z D S
J S P A N S R E G N I G Y I T
```

ACCENTUATE
AUTOMATA
BEDFELLOW
BOSSIER
BREASTSTROKE
CHATTIER
CORNICES
DRIBLET

EXISTS
FIREHOUSES
GINGERSNAPS
HOSTESSED
HUBBY
JERSEYS
LIFEGUARDS
MERCANTILE

OPALS
REAPPEARS
ROLLS
TEETH
TROTTED
ULCEROUS

Puzzle #57
Assorted Words 57

```
C I P O R H T N A L I H P L S
E B E F S P L A T T E R A N P
Q T G N I E E S E R O F J P E
U P A T E L L A P W N K G W C
A R S L S D E T N E S E R P I
R E T B U U Z A H N A R I P A
T A O E Z S O E M B P Q G G L
E S P J F L N I F Z P R S M S
R S O T N E M I P B O D E S C
F E V W A N E B G N I P M U H
I S E K D I B B L I N G A F E
N S R L N E C T A R T N N B M
A I Q U A N T I T Y I A E J E
L N I E P C F C T U N F S S R
S G R A W Y T E Z J G R S O B
```

APPOINTING   NECTAR   QUANTITY
BODES   PATELLA   QUARTERFINALS
DIBBLING   PHILANTHROPIC   REASSESSING
FORESEEING   PIMENTOS   SCHEMER
HUMPING   PIOUS   SPECIALS
INSULATE   PIRANHA   STOPOVER
LENIENCY   PLATTER
MANES   PRESENTED

Puzzle #58

Assorted Words 58

```
S J X Q T I P S Y B C A U R Q
S P D L A N G D M R L U P O G
M H U N O I E E H O B M D S R
S O Z R U B R M C W O Y A T A
N H L M N O N E P N E D T E T
U Y A T M E H W H A E R E R I
G M G G I D D Y A T R I R E F
G P W F L N A S E R H T B D I
I L T F R E G S R R D P N M C
N A P P E D A Y A E G R I E A
G T G N I N U M M O C O E D T
U Y I N T E R M E Z Z O W V I
U P P V Z K E S N E T E R P O
K I B Q G N I P M A V E R G N
D E T E L O S B O S D A L A S
```

AGLEAM	GRATIFICATION	PLATYPI
AMBIENCE	GREYHOUND	PRETENSE
BROWN	GROCERS	REVAMPING
COMMUNING	INTERMEZZO	ROSTERED
DIPHTHERIA	MOLTING	SALADS
DOOMS	NAPPED	SNUGGING
ENTRAPMENT	OBSOLETED	SPURNED
GIDDY	OVERDRAWN	TIPSY

Puzzle #59

Assorted Words 59

```
J G C U M A S O C H I S T Z M
C R A N I U M S C Z Z A M O I
T F U K K S T S E R E T N I N
T U S T N A T L U S N O C H E
B L A C K M A I L S U X J F R
A F L U I C S R E T L E H S A
A I S Z Y T I L I B A S I D L
T L Q R Q G A L S T N M B W O
U L U S E V R B O T S W U V G
F X A J W E M U O T H O H K I
T X D H N W F P F R S G C H S
I Q D E Y S U E D F C O I C T
N L E W O T L Z R U L A P N A
G N D S E C R E T S D Y K A S
E G A R O T S H A Z A R D E D
```

ACCOST	DISABILITY	REEFERS
ACROBATIC	FULFILL	SECRETS
APOSTOLIC	GRUFFLY	SHELTERS
ARMFUL	HAZARDED	SQUADDED
BLACKMAILS	INTERESTS	STORAGE
CAUSALS	MASOCHIST	TOWEL
CONSULTANTS	MINERALOGIST	TUFTING
CRANIUMS	NIGHTS	

Puzzle #60
Assorted Words 60

```
M O O H A R M O N I Z E D L G
H G N I T A R O T C E P X E H
Q K K A N A C H R O N I S M A
O Y Z G N I R R E T N I S I D
B A S S O C I A T I O N Q H F
L R T D F O R E W A R N S M O
D D A U R I M P O R T E R S C
L E Z I S A R U S E A C X M U
E P R L N H B Z R H K D Y U S
V A A E E S E M V B O J K F S
I R X X K V T S O Q F R R F I
T T A B J N H O I B T C D L N
A I Q U C W I C R I C K S E G
T N H F W F N L A M B Z Y R S
E G C U A U K S B I S E T S T
```

ANACHRONISM DEPARTING LEVITATE
ASSOCIATION DISINTERRING MUFFLERS
BETHINK EXPECTORATING TUSHES
BLINKERED FOCUSSING
BOMBARDS FOREWARNS
BRAINSTORMS HARMONIZED
CAESURAS HORDES
CRICKS IMPORTERS

Puzzle #61
Assorted Words 61

```
D J N T F A C T I T I O U S T
T S W R B C A Q S S L U R N O
R U O E A E N B M R A Q Q E F
I L C F F N O N L T A B R W F
C L C R H T N P O O R Z M S E
K E U A E I I I C N U O T A E
Y N P C U L C I H D E S S G S
O L A T X I A E D I H M I E X
D Y N S W T L V I S L N P N R
D E T O M E D I D C N A D T G
O V S S W R S L E E K S T S Y
K S K C O L D A E R D O F O L
G N I T A U N I S N I C N Y R
S E I T I S O R T S N O M C C
D F R A N T I C A L L Y G J A
```

ANNIHILATOR	FRANTICALLY	SAMBAS
BLOUSING	INSINUATING	SLEEKS
CANONICAL	MONSTROSITIES	SULLENLY
CENTILITER	NEWSAGENTS	TOFFEES
DEMOTED	NONEMPTY	TRICKY
DISCERNS	OCCUPANTS	TZARS
DREADLOCKS	REFRACTS	
FACTITIOUS	RESORT	

Puzzle #62
Assorted Words 62

```
X U F I N I S H E S N A D A S
W M K S B O E F I W E S U O H
I U C W I Z I M I N U T E S T
N N K W T S I T A H V U K S J
T T O E B T I C A N G L D B S
E H S I F Y A R C M E U A M S
N S X E N U Y W C D A R O E A
T Y A R N Y L L U F E L O D P
I C R R O W Y E D M A K C F V
O D N A E T O D C E N A C E R
N D K A N M H R F T R E U A D
A M L X B E I G B K F U I T J
L W G Y E O L H I E V I T O V
L R F A A A B P C N U A A U U
Y G S D N A L S I W K U N Y S
```

ANECDOTE	FINISHES	NABOBS
BROWNEST	FORENAME	PLENARY
CHIMERAS	HOUSEWIFE	SUTURED
CRAYFISH	INTENTIONALLY	VOTIVE
CRISIS	ISLANDS	
DECLAMATION	JACKED	
DOLEFULLY	KNIGHT	
DOUGH	MINUTEST	

Puzzle #63
Assorted Words 63

```
P L S M D E H C N U L U C Q X
U A A E X E R F A L L O W S F
T T I H T T Z B D E L D D I P
T E O P S A R I Z A R G E D A
E R G D A U M Q M X N H L M L
R A E D E S O P M O C X I A R
E L G G U T T N L J T C R S E
D E M F A J H R I E Z S I S A
Y D W J T S J G I T H K U A D
M I N I C A M B I E E K M C A
A N N E X A T I O N S R S R B
F O R E W O R D S J E U C E L
Q F R E S H E N E D Q B M D E
D G I A N T E S S E S Q L X W
C A M P I H S N R E T N I C J
```

ANNEXATIONS	FRESHENED	MINICAM
BENIGHTED	GIANTESSES	PASTRIES
COMPOSED	HELPMATES	PIDDLED
CRETINOUS	INTERNSHIP	READABLE
CUSTOMIZED	JUDGE	SAGER
DELIRIUMS	LATERALED	UTTERED
FALLOWS	LUNCHED	
FOREWORDS	MASSACRED	

Puzzle #64
Assorted Words 64

```
O U W P R E D E S T I N I N G
W E T T E R H I N O C E R O S
C D Y A L I V E L I N E S S Y
C O D E I F I T A R Z Q B S T
D E N Y I N G A O P Q A N Q H
M Q X G S P I N D L I N G K O
Q L F S R E L L E V O R G A I
X B A S T A R D I Z I N G I M
N R C B P I T S E I B B A G O
H W H A M S P U T Z N H G N N
Z F Y W K E Z V L E Q R P O L
P A T R I A R C H A S M J M I
H F H I N D S I G H T N G I E
L K R U D I M E N T S E O N S
R B H C S T R O N G H U D Y T
```

BASTARDIZING	KINDS	RHINOCEROS
CONGRATULATED	LIVELINESS	RUDIMENTS
DENYING	MAGAZINE	SPINDLING
EMBALM	ONLIEST	STRONG
GABBIEST	ONSETS	WETTER
GROVELLERS	PATRIARCH	WHAMS
HINDSIGHT	PREDESTINING	
IGNOMINY	RATIFIED	

Puzzle #65
Assorted Words 65

```
J Q I I F L M O O N S H I N E
Y U H Y L E S L A D E P R G D
P S D O G A B E A J B A V P R
R K Y I S C Y T N E U L F A A
E Y M Q C H X V C H V A S T W
T I N S T I L L I N G T Q S S
Z T O F D N A D E C M I U Y T
E D R X U G F L N R L A A H R
L A N I D U T I T A L L R D I
S I K Q P L H U E C H I E K N
A J N T C S T I S K G W R V G
G W W G T U R H T D L E O I S
M A R R E D H V N O L Y N C K
J L X Z P R J G O W N E D N Z
Y R B H N O I T A N A L P X E
```

ANCIENTEST	JUDICIAL	PATSY
COWHAND	LATITUDINAL	PEDALS
CRACKDOWN	LEACHING	PRETZELS
DRAWSTRINGS	LINGER	SQUARER
EXPLANATION	MARRED	TRIPS
FLUENT	MOONSHINE	
GOWNED	NYLON	
INSTILLING	PALATIAL	

Assorted Words 66

```
P S S E R U T A L C N E M O N
R R E S Q D E T A E M R E P N
E S B S E E J Y Q Z O F P W W
D P E G U T T U R A L A U E R
U I S S I G A X U R P U N L E
N C O M P A N I O N A L C S S
D I M O Y R D U V R P T T H T
A E E R Y C G O F E L L I E F
N R D Q U S R J M P D E L S U
C S S U O I T A T U P S I D L
I C O U N T D O W N K S O K L
E R U S T P R O O F S L U I E
S T N E M L A T S N I Y S H R
S S V P I P E S L E T S O H B
W F S K C W O R E G D E H E H
```

BESOMED
COMPANION
COUNTDOWN
CRAWFISH
DEVIATES
DISPUTATIOUS
FAULTLESSLY
FUNGUSES

GUTTURAL
HEDGEROW
HOSTELS
INSTALMENT
NOMENCLATURE
PERMEATED
PIPES
PUNCTILIOUS

REDUNDANCIES
RESTFULLER
RUSTPROOFS
SPICIER
TARRY
WELSHES

Puzzle #67
Assorted Words 67

```
H C T I W S R O U N D W O R M
W B P V G E N P E N A L I Z E
O A R D E D A O R L I A R M N
U Z D E D I C A T E D A Q O O
N O I T A U C A V E Q Q H R P
D O C U C K O L D I N G X A A
S K A E A Y F U S E K O T S U
G A K J N Y R A V I L A S S S
N W W E K O R T S Y E K S S E
H X D K S E I R A T I N G I D
R E T S O P M I N F L U X E S
X F L H N S S E N E S R A P S
E M P L O Y A B L E Q Y X U X
O W Z J S G A B M U C S T E R
S M U T T I E S T U N U S E D
```

BAZOOKA	IMPOSTER	SALIVARY
BREAKFAST	INFLUXES	SCUMBAGS
CUCKOLDING	KEYSTROKE	SMUTTIEST
DEDICATED	MENOPAUSE	SPARSENESS
DIGNITARIES	MORASS	STOKES
EMPLOYABLE	PENALIZE	SWITCH
EVACUATION	RAILROADED	UNUSED
HELLS	ROUNDWORM	WOUNDS

Assorted Words 68

```
A L J T I D P E L V E S Q U A
Q T L D C O L I N G U I S T S
V G N I K A T S N I A P H I B
A S Y M M E T R Y M F D E Z P
D E B R U C Y N X W L I A G N
V S F I T D I L O Y U S T A P
J H B H C E A T G C I Q H F O
G B D M E K V L C N W U E O U
S L O Z U X E A E A I A S O N
G D P U Z N P R D Y D L V T C
V A P O T H E O S E S I I B E
D B T N I W K B S Z D F D M S
O K M S E G A K A E L Y T W S
P U C K E D W H E M L O C K J
P U D N U O R S S R E G N I W
```

- AFOOT
- APOTHEOSES
- ASYMMETRY
- BENUMBS
- BICKERS
- CONTACT
- CURBED
- DIDACTIC
- DISQUALIFY
- EVADED
- EXPOSE
- HEMLOCK
- LEAKAGES
- LINGUISTS
- PAINSTAKING
- PELVES
- POUNCES
- PUCKED
- ROUNDUP
- SHEATHES
- SMILINGLY
- WINGERS

Puzzle #69
Assorted Words 69

```
Y E O M E N D R I B E V O L T
S E L B A M E E D E R R I S G
O Y Q W A O S E T I H W O T M
V U K G K A K K B A V K F E A
E D D O N J F K A K T L O N I
R P E R K I C E N O Y C D C N
P E W T N H L R G A R M A I S
A P D K S A O T L L J C G L A
S P R P I E U P E A W P U L I
S I O J B C T K R E L E B I L
X E P S E I K N Z H B N N N Y
Y R S A F Q W I O X T Q B G C
E Z I L A R T N E C E D M C N
E R U C I N A M L R T C M S Q
V W D E N O I X E L P M O C J
```

BANGLE	IRREDEEMABLES	OVERPASS
BEETLING	KICKIER	PEPPIER
CLOUT	KOALA	STENCILLING
COMPLEXIONED	LACTATED	WHITE
CONTESTED	LIBELER	YEOMEN
CROAKS	LOVEBIRD	
DECENTRALIZE	MAINSAIL	
DEWDROPS	MANICURE	

Puzzle #70
Assorted Words 70

```
J X K L D B N I H I L I S T S
O P C D P O L I C E W O M A N
S P H C H G N I S R A E H E R
E K I S S E N I K S U H J O S
Z N R P K G R O S S E S F L U
B R O A D E N A X J O K E S R
L M P R X G I O L N V H F R C
O U O D D D E H T D W U H G E
C N D R E R O H S A R O T L A
U K I R P N F S E I B Y S B S
T E S H Z H E D U L E D C I E
I M T B L A E Z N D F C U E D
O P P Y G T X M A P U C N O C
N T Y L L U F T E R F R Q F M
S M R E D Y H C A P B A R F T
```

ASHORE	FRETFULLY	PACHYDERM
BATON	GROSSES	POLICEWOMAN
BRAZENED	HERALDRY	REHEARSING
BROADEN	HUSKINESS	SURCEASE
CHIROPODIST	JOKES	UNKEMPT
DELUDE	LOCUTIONS	
DISOWN	MORPHEME	
DRONE	NIHILISTS	

Puzzle #71

Assorted Words 71

```
H U P X D D R E T C E F R E P
X G R S K E E D Z R N L B J L
R N B E N S T L S I T S G R A
M U O X E W S A E R L G N C T
D C A M B I A R T C O A H G E
G E G G Y B R R Q I R P E X N
G L D E N H R E P O L A A D S
O C A U T I O N A R Y I P V I
P M Z M C U T G N I E E C M E
T K R A E T S T W W B Y R A E
I W C G N I T S A C E R R G F
O E R U T T E D B V C L C D C
N S S P S Y C H O P A T H S A
E O P M E T S E M M I R P C E
D F Y L R A L U P O P Z C D A
```

AERIE
CAMBIA
CAUTIONARY
CRAVATTING
DEDUCT
DRYER
EMCEEING
FACILITATED

IDEALIZE
OPTIONED
PARCELED
PERFECTER
PLATENS
POPULARLY
PRAWNS
PRIMMEST

PSYCHOPATHS
RECASTING
RUTTED
TEMPO
VAPORS

Puzzle #72
Assorted Words 72

```
S J M S D R S E U D B U S U X
T L T S C E C N I I B O Y P T
A R I N E I T D E T O L I P W
L E V P E S M S B E R N L H I
A V A A P M U A U D T O H I T
G I L T Y E A F N O E R S O T
M V I E H S R L N Y K T U I E
I A D D E D A S I O D L S O D
T L N X G S O T E F C L E A F
E I E S S E N I S M U L C H T
S S S F Y G N I R O L P E D W
J T S N O I T I S O P O R P G
L S O F T E N I N G W A L M B
C K I N F R E Q U E N T K Z C
Y M O R D E Z I M O N O C E N
```

ADDED	FILAMENT	SOFTENING
APOSTASY	FOURTEENS	SORTIE
BUNNIES	INFREQUENT	STALAGMITES
CLUMSINESS	OUSTED	SUBDUES
CONFUSES	PILOTED	TASTED
DEPLORING	PROPOSITIONS	TWITTED
DYNAMICS	REVIVALISTS	VALIDNESS
ECONOMIZED	SLIPPERS	WHELK

Puzzle #73

Assorted Words 73

```
G R A N D C H I L D A Z O P J
L A D E S R E P S R E T N I I
Z F S N I A R P S B R M R G V
B F M E M O R I Z A T I O N L
J I M B E C I L E S M Q M E M
A X A T U F R A C T I O N A L
S R O T S U J D A A B H R B I
W S D S T R Z Y D R O N I N G
O U O N S E U S E D I S E R P
R N A P U R N B E I W U W C D
D O B Y V T E D H Z Z B M K S
L A N I M E S F E E O P K L K
J O Y O Q S S E L D U O L C L
B H A I S S E M S O B M N X J
I T A L I C I Z E D G M H S R
```

ADJUSTORS	GRANDCHILD	SNOOZES
ATTENDED	IMBECILES	SPRAINS
BASTARDIZED	INTERSPERSED	SWORD
BURST	ITALICIZED	TUNDRA
CLOUDLESS	MEMORIZATION	
DRONING	MESSIAH	
FRACTIONAL	PRESIDES	
GOLFERS	SEMINAL	

Puzzle #74
Assorted Words 74

```
N  G  G  S  J  D  E  H  C  E  E  S  E  B  B
F  A  R  N  E  D  E  R  A  D  W  Q  F  E  A
B  W  G  O  I  K  S  D  R  O  W  D  A  E  H
I  A  H  N  I  T  A  H  N  S  P  U  T  E  S
O  S  N  O  I  R  L  B  K  A  T  Q  I  P  L
T  M  A  K  M  C  E  A  M  I  H  I  V  F  Q
E  P  O  K  R  E  N  T  M  A  M  E  M  P  Y
C  A  P  P  R  O  V  I  N  G  L  Y  R  E  W
H  O  T  D  F  A  L  E  M  A  R  C  N  A  R
N  S  Q  Q  E  K  P  L  R  I  G  E  K  E  B
O  B  H  I  M  D  E  H  S  I  B  R  U  F  K
L  N  O  I  T  A  Z  I  T  E  N  G  A  M  I
O  X  X  D  K  O  O  K  I  N  E  S  S  D  A
G  J  T  S  L  A  R  R  A  P  A  H  C  C  G
Y  D  M  S  S  E  N  I  C  I  U  J  X  Q  J
```

ANTERIOR   DARED   PARKAS
APPROVINGLY   FURBISHED   REMITS
BANKROLLS   HEADWORDS   SETUP
BAREHANDED   JUICINESS   WHOMEVER
BESEECHED   KOOKINESS
BIOTECHNOLOGY   MAGNETIZATION
CHAPARRALS   MALTING
CLAMBAKES   MINCING

Puzzle #75

Assorted Words 75

```
H K F T Y L S U O I C I L A M
C D I F F R A C T I O N T Y E
A S T H K O S G E T A I R A V
U C W Z Q C R A N K S U B E Z
E R E V I C U L M I N A T E S
Y U L R E T S A H C T P U L I
E P V C O C E T A G I T S A C
F L E I G E N I N R U T A S T
U E Y R G N A Y E L D E E H W
L D S L A C I L E G N A V E C
S H V W H A N D M A I D S B Q
E X H I B I T I O N I S M U V
Q Q X N D E R A T R O M V M I
X F P A R A C H U T E M V N Q
Y O N K V Y L I D O O M D X V
```

ANGRY	EVANGELICALS	SATURNINE
CASTIGATE	EXHIBITIONISM	SCRUPLED
CHASTER	EYEFULS	TWELVE
CHATTING	HANDMAIDS	VARIATE
CRANKS	MALICIOUSLY	WHEEDLE
CULMINATES	MOODILY	ZEBUS
DIFFRACTION	MORTARED	
ERODING	PARACHUTE	

Puzzle #76

Assorted Words 76

```
D I S C O M F O R T S R S V W
I F O R G A N I Z A T I O N S
S A E S E I T I L I B A I L C
C K T R Y Y L O B M A G W H A
O E H H O L E K Y E L S I O V
N R C D Z S L A C I L T S L E
T S O N E G S A R O E E H D N
E M O I A Z N E C L R C E O G
N I Z T L R I I S I I N D U E
T O C I E I B T L S N N C T S
I V R G S N N M O K A O G O T
N N C T M M E G U N C X R F B
G B V Z A Z P M E C P E T H B
T U B E D M X Z E B N Y R X C
A E U I R R I T A B L E H F D
```

ASSESSOR
BALLERINA
CHRONICALLY
CORNCOB
DISCOMFORTS
DISCONTENTING
ENCUMBRANCE
FAKERS
FRECKLING
GAMBOL
HOLDOUT
HYPNOTIZED
IRRITABLE
LIABILITIES
MATRON
ORGANIZATIONS
ROILING
SCAVENGES
TUBED
WISHED
YEARLING

Puzzle #77

Assorted Words 77

```
E F Y L H S I K A R E G A L S
I T Z G N I T U B I R T N O C
T E A B F C T S L E M A D A M
S S M E R M Z C O O A K Z N E
H D E B R O X D E R M F K G R
O O Z I O U N R G P F R B F I
D B N M P S A T I P S E O R N
D W Z O A M S L O F R U D E O
Y D S N R E U I A S F O S S F
D R W T G S L L N C A L B H N
W E R H B J N G D G C U I E H
A J D L Y S E S A I L A R N D
N N O I T A L L I C S O B S G
D R M E S C L U B H O U S E M
S I T S S E L D R A G E R R I
```

AGLEAM EMBOSSING OSCILLATION
ALIASES FRESHENS PROBED
BACCALAUREATE HONORS RAKISHLY
BIMONTHLIES IRREGARDLESS REGALS
BRONTOSAURS LUMPIEST RIFFLING
CLUBHOUSE MADAME SHODDY
CONTRIBUTING MERINO SIDED
DEFROSTS ORMOLU SUSPECT

Puzzle #78
Assorted Words 78

```
D C I R P O H S I B H C R A M
F A T H E R H O O D Q Z Z Y O
P R E A J I U M D M F I U Z L
R T W H O S K M O U A H W R L
E O V Q S G S S E R T B S E Y
F G T C X G N E U L T T F C C
I R L A I S O I N D A I A O O
G A G U G B R H P I A X S V D
U P H N M I U E S P T E O E D
R H Z U I M M P T F U L N R L
E E D J W N E U G R N C I E I
T R F S C J R R F Z A Z C U N
C J A U C T I O N I N G F I G
N T W W H E D A C E D C N C H
U E D E T A L U C L A C S I M
```

ARCHBISHOPRIC GARTERS MORTISE
AUCTIONING GLUMMER PREFIGURE
CARTOGRAPHER GUILTINESS PUBIC
CORNING HICCUPPING RECOVER
DECADE HOGSHEAD SONIC
DUSKIER LEMUR
FATHERHOOD MISCALCULATED
FUMIGATOR MOLLYCODDLING

Puzzle #79

Assorted Words 79

```
D G N S J D S E E T H I N G N
V E I T T R E B B U L H I Y X
P F B R W S D Y N N W P V P P
O D O I L L U B E S P O K E O
K W E X R I A A O N P F K N W
N G I M M C S N C D O S M T D
A F N V A S S H O O E H A S E
P T T I S E I M E I L K P G R
S H R I M E R H U S T O R G O
A R X W K R I D C C E A H A A
C K J C C L O Z Y E R K R B M
K U A P X L O F N A T I A R F
J G N I C N U O N E D A C L I
E D E R O L I A T I R R C G S
P A D D O C K S I R B F U D K
```

BESPOKE
CATECHISM
CIRCUMSCRIBED
DAYDREAMED
DENOUNCING
FRENZIES
GASPS
GIRLISH
HOLOCAUSTS
HONEYED
INFORMING
IRRATIONAL
KNAPSACK
LUBBER
MARKED
PADDOCKS
PENTS
POWDER
SEETHING
SLAKES
TAILORED
TOOLKIT

Puzzle #80
Assorted Words 80

```
C Z N X U H C R U L P C N U V
G T O V E R C O A T S O K L H
R N M J D C Q B N L J N I P H
I E I K K M O D Z S P F K Y R
S V D K M G E N E J E O H L Q
T L W D C S E L D P I R P X P
I V I Y E O R L T E R M V S M
N W F V L B S E L I M I P E J
T C I Y E X R X C A N N V O D
I W N E D D A W A R B G S E O
N L G U M D E L E W O D L W Z
G V M H Y B I B M V F F N G N
S E X E S X L G F J L L N A V
H Y P E R A C T I V I T Y E H
M Z Q T H K L O B S T E R E D
```

BEDDER	GIDDY	OVERCOAT
BEDEVILS	HANDBALL	POPLAR
CONDEMNS	HYPERACTIVITY	SEXES
CONFORMING	LAXLY	SOCKING
CONSERVED	LOBSTERED	TINTING
DEPRIVE	LURCH	
DOWELED	MELTING	
ENFORCERS	MIDWIFING	

Puzzle #81

Assorted Words 81

```
Z C D H O R E S A H C R U P F
Q B O D Y W O R K R E T N A R
U Y C M N T S E I L B M U R C
A J K N H U P K D H U C D T R
G O Y A J C O L S W F B O U O
M D A U V J A H I A O Z I G U
I H R K I O T Z D G L I P F G
R P D R C F T F W O H F Q L H
I U S A I T I L I M O T X A E
N R A L L E R G I E S L I U N
G S T N E M E V A E R E B N S
I E I R R E D D E R G V E T G
P W R A U Y F I R T C E L E H
C L S E T A N G E R P M I D V
Q Y T I E N E G O R E T E H V
```

ALLERGIES ELECTRIFY PURCHASER
ATTIRED FLASKS QUAGMIRING
BEREAVEMENTS FLAUNTED RANTER
BLOODHOUND HETEROGENEITY REDDER
BODYWORK IMPREGNATES ROUGHENS
BULKS JODHPURS
CRUMBLIEST MILITIAS
DOCKYARDS PLIGHTING

Puzzle #82

Assorted Words 82

```
M H E S O L S E I R E C O R G
T S O C F I N D I C A T I N G
J S B A S S O R T E D C J A F
F I M P O R T U N E S H Z P G
S N A I G E L L O C Y G B E W
N O I T A S R E V N O C W N R
S S C O D D I N G R N K V I C
G E S L A I R O T U T N L T X
S T N E M L I A T R U C O E E
N U Z I L K M A D D E N I N G
I E O A M T C U O O S F T T D
F T T Y A A B M V B U Q E I A
M R V A O E X U P T H U R A Q
L R P G O J C E O N B E E L C
G N I K O R T S E D I S R J H
```

ASSORTED	GROCERIES	SIDESTROKING
CAPITOL	IMPORTUNES	TUTORIAL
CODDING	INDICATING	
COLLEGIAN	JOYOUS	
CONVERSATION	LOITERER	
CURTAILMENTS	MADDENING	
DOUBTLESS	OATEN	
EXAMINES	PENITENTIAL	

Puzzle #83

Assorted Words 83

```
P H E M A N C I P A T E S M D
L S T N I T S E R K C A B A E
E R U T I N E G O M I R P N T
J O D E T A R O T C E R I D O
S E I T N I A T R E C A A R U
M P J S E I F I L P M I S I R
O C A D E N C E S X K G Q L E
R H P R I Z E S N I I N C L D
T G N I T A U C A V E M K M C
I S R E H S I L B U P E W E T
F Q U G A N T I C K I N G L E
I V I S E S M O L L S T L O R
E S C A R L E T O S F S H D M
D S O U N D I N G B T L H Y L
D M R E R E D N A L I H P H Y
```

ANTICKING	EMANCIPATES	PRIZES
ARRAIGNMENTS	EVACUATING	PUBLISHERS
BACKREST	MANDRILL	SCARLET
BOOTSTRAPS	MELODY	SIMPLIFIES
CADENCES	MOLLS	SOUNDING
CERTAINTIES	MORTIFIED	STINTS
DETOURED	PHILANDERER	TERMLY
DIRECTORATE	PRIMOGENITURE	VISES

Puzzle #84
Assorted Words 84

```
O M Z B N L K D E T S I O H F
R V A A D E P P E T S S I M C
A E M R E G D E Y E J B G I M
D Y Z Y T I S L A F S Y Y P A
G K G I C I W L Q H Q Y R P Z
U P X I N O C O A X P L A E O
T D F C N A P U N C R X T H U
T U A A O T M Y L D K Q I X R
E C N N O C U U W A E T O P K
R H C W C N K I H R T R N B A
Y Y Y K B E A S T L I E S T W
S D R A P O E L C I W T L Z T
N O I T C U D E R O N C E Y F
Z T N B C O N F I R M G K R F
H D M R S T N A C I R B U L G
```

ARTICULATELY	FALSITY	LEOPARDS
BEASTLIEST	FANCY	LUBRICANTS
COCKSCOMB	GUTTER	MAZOURKA
CONFIRM	GYRATIONS	MISSTEPPED
COPYWRITER	HAYSEED	REDUCTION
DANCE	HOISTED	SLACK
DUCHY	HUMANIZER	WONDER
EDGER	INTUITING	

Puzzle #85

Assorted Words 85

```
P S C I R E H P S O M T A G F
G I O H W F D P U E E M V F O
X Y N I F E R E I L N A M H X
S N S D Y L D W E L H E N B T
M A C E G C O R D I A L L Y R
E I R A C N E Y R C N C S K O
S L I W K B I W M A C G T O T
S I P A T T G T X T E K O W T
A N T Y T Z H X E T V F O T I
G G I S U D T Z Y L P D G O N
E W N O P I Q K T E L P E W G
A O G E J L A K I N G I S I N
F A L C O N E R S Y Z J B N C
L Z A W B S E S S E D D O G T
H P S S E N L U F T E G R O F
```

ATMOSPHERICS
BILLETING
CALIPH
CATTLE
CONSCRIPTING
CORDIALLY
EIGHT
ENHANCE

ENJOIN
FALCONERS
FORGETFULNESS
FOXTROTTING
GODDESSES
HIDEAWAYS
KOWTOWING
LAKING

LEWDLY
MANLIER
MESSAGE
NAILING
STOOGES

Puzzle #86

Assorted Words 86

```
G D E G N I C N A L E E R F H
H H E M U S K E T S Q B F M E
T Z E T U C A N T E R S Y W C
O E K W U L Z I S D R A W N I
R J L V M A F U Z L B H E S H
A P F L I T T I N G L N U E R
P S G N I R B N G I O O U L S
I U I V N M L F A M Y A R E W
N F U D E S C E N D E D R C I
G C R D E D N I L B R N C T S
G R A S S H O P P E R E T I H
A S L E R T S N I M X H V V E
E S E B I R C S O R P M E E S
M R H N O I T A T I V N I L T
T S O U R P U S S B W R K Y C
```

ASIDE   FREELANCING   RAPING
BLINDED   GRASSHOPPER   SCROLLS
BRINGS   INVITATION   SELECTIVELY
CANTERS   INWARDS   SOURPUSS
DESCENDED   MILLET   SWISHEST
FIGMENT   MINSTRELS   TAUTED
FLITTING   MUSKETS   VERDANT
FLUME   PROSCRIBES

Puzzle #87

Assorted Words 87

```
L U V X F D U H E S R Z W F Z
C E V G O A E H T G W C M D T
Z A Z G Z M C K E N N I N X J
D F Q O L X R O C T I A R P N
M N F U R B I S H E D C R L W
M O N O M A N I A C P M A T Y
C B S C E B O S S H W N Y Y S
R I E M M P L G C E O P E B H
S N T A G N I G R A L N E H O
Q O F I R V N T R V R Z R Y U
T P L V N D E S A Z A V Z H P
Z A U L X G S M Z P F J E U V
P G T W E H N V M Y H O U S M
E D E I N C A R N A T I O N S
T L S H I P P O P O T A M U S
```

BEARDS HENPECKED SWIRLY
CELLOS HIPPOPOTAMUS
CITING HYACINTH
CRINOLINES INCARNATIONS
ENLARGING MONOMANIAC
EPITAPH MUZZLES
FLUTES SCARVES
FURBISHED STRANGE

Puzzle #88

Assorted Words 88

```
C H O R E O G R A P H Y X V Y
F H R L P Y T I L A R T U E N
O D E T A B R E C A X E O P H
B R E R E T T I B T J X Y A J
S X I S U S N Z I Y Y P S R G
C N B T E B P E R C H E S A X
U V G A T I I E M V M Q U D F
R Z I R L M R M D I B H I I I
I G G L Y L H T T N R D W G O
T S A I S S A C S E U E Y M N
Y Z N G F R I D K A T O P S I
H O T H M M R V E R P X R X Z
G N I T A N I M R E T X E G E
E N C O T N E M I P R I Z S A
L Q H Y P E R T E N S I O N O
```

AGROUND   EXTERMINATING   PASTRIES
BALLADEER   GIGANTIC   PERCHES
BITTERER   HAIRIER   PIMENTO
CASSIAS   HYPERTENSION   SEXTET
CHERUBIM   IONIZE   STARLIGHT
CHOREOGRAPHY   NEUTRALITY
EXACERBATED   OBSCURITY
EXPERIMENTAL   PARADIGMS

Puzzle #89

Assorted Words 89

```
V V L S U O R E B M U L S D F
I S P E Y S U L F A T E J K O
R I E H T T O A U U T R A S O
A L V L N A D T N H N G N Y D
S V U E L Z I E D E K W A G S
P E N V S I C C S I C F Y W T
B R D E U R P U A S H A F I U
E Y I R T L E T B M E I Z D F
R U D A S Y A G I I E R W O F
R J S G R F H T N C T S P W S
I Y R E N I W P H A A S R X F
E A K D U R X B O E H L R Q E
S G N I M M I H W E S Q L L Q
Y L B B E P L H G C N T S Y I
S U O N I D U T I T L U M E U
```

CHEETAHS	GAWKED	SILVERY
CUBITS	HANGERS	SLUMBEROUS
ELLIPTICALLY	LATHES	SULFATE
EMACIATE	LEVERAGED	UNDID
EXPRESSED	MULTITUDINOUS	WHIMMING
FAIRS	NEOPHYTE	WIDOW
FOODSTUFFS	PEBBLY	WINERY
FUNDS	RASPBERRIES	

Puzzle #90
Assorted Words 90

```
P I M P E R C E P T I B L Y N
A W W U Y O S S S H U T K B W
O S H E A V I E S R R U E U O
Z A S K S P O A L T E I I R I
I H S E A E L H C O C T N G N
S D I T R N D A C L U Q S L T
E Y E G N T B O I N G I U A E
Y N A N Q E I O L N A X L R R
S P U P T M L V D P T N A I M
D P I M R I A A E A X S T E I
S M A S E E C L V G Q E O S N
H K U R S R V A A I R Y R S G
V G S R T O A O L I U Q S H L
F N A U Z S G T U L S Q X L E
C I N D I C A T E D Y E E T D
```

ANCHOVY
ASSERTIVE
ASTERS
BURGLARIES
COCHLEA
DEVALUE
ENUMERATE
EQUIVALENTS
EXPLODES
GOSSIPY
HEAVIES
IDENTICALLY
IMPERCEPTIBLY
INDICATED
INSULATORS
INTERMINGLED
MALAISE
OVERPAYS
PLAINTS
STRAPS

Puzzle #91

Assorted Words 91

```
Y J K G J G R V D M M N O D M
O L D L N A R U H E H E U R I
E O B E L I L S I F L C T S L
Q C K I F E R O E C Q O L X K
F T N M X L B R U H R M A A M
T E S E E E E E U S C P Y G A
R U M A I M L C U P I L H V I
U R O I C R I F T L S E I N D
N A T K N S U T N I B M A F S
O S R A R I W R D I O E H H T
F T I G N O S E P E I N O H O
F E B P K R W T N D B T X F R
S R E P Q C D I S C O I N G I
V G C O M M I S S I O N S J E
R E F U R B I S H I N G A V S
```

BEDTIME   GAOLED   REFURBISHING
BLUEBELL   INFLEXIBLY   RUNOFFS
COMMISSIONS   JALOUSIE   SPURRING
COMPLEMENTING   MILKMAIDS   STORIES
DEFLECTION   NEWSCAST   TRIBE
DISCOING   OUTLAY   WORKOUT
FEMINISTS   PRURIENCE
FILCHES   RASTER

Puzzle #92
Assorted Words 92

```
J K B F S O R C E R E S S M M
I M P R I S O N T U N I W S G
W D E T I D U R E L T O G T E
P O C A Z N S T T S I J W E N
N L A U D R K U C O C U A R U
V P U E R J O S R I E W G I F
Y S F T I B U P M V M B Z L L
S S L B O X E S A A E N P I E
A S E U E N I D T T N Y P Z C
N Q E T O O I P E M T S S E T
G M S N N S X U X L E I H D E
U B D N Y E Z M M Z Y N N I D
I A N A E S T H E T I S T G P
N D P F W R U E E L P A T S M
E F T F D V W B D Y C K O W G
```

ADJUSTMENTS
ANAESTHETIST
BOXES
BRINKSMANSHIP
BUSYNESS
CURBED
DETENTES
ENTICEMENT

ERUDITE
GENUFLECTED
GUILT
IMPRISON
PATTING
PIXIE
PLUTONIUM
SANGUINE

SORCERESS
SOULS
STAPLE
STERILIZED
SURVEYS
WRENS

Puzzle #93
Assorted Words 93

```
C S A H O S T A G E B E P S O
P D S T T G N I E E S E R O F
A T E E N W Z T B B W A E P H
H C S C L A I J D U Y J L P E
L A C E A D G N R N G Q A I P
B C B L H T A E K G G M T E A
E T P I I S H E L L V I E R T
F X K R T M I L H E E S S S I
U S C I T U A N O R T S A N C
D J T F S P A T A N F U B O E
D K I P P E R T I B S Z Q J U
L O A N W O R D I Z Y J C O K
I M P E D E S X G N I N A W L
N H P Z A D E G R O G N E V F
G X E F P H U T N E M U G R A
```

ACCLIMATIZING	ENGORGED	KIPPER
ARGUMENT	ENSIGN	LOANWORD
ASTRONAUTICS	FORESEEING	PRELATES
BANISHES	HABITUATING	SOPPIER
BEFUDDLING	HEADLESS	TWINKLES
BUNGLER	HEPATIC	WANING
DECATHLONS	HOSTAGE	
ELEGANT	IMPEDES	

Puzzle #94

Assorted Words 94

```
V M S I R A I G A L P Z P N L
G Y Q L O U D N E S S Z J N G
N O T I O N A L H L M O A O S
D E N I A D S I D D O B M N I
S E T A R U G U A N I A M E N
M S L E X A G G E R A T I N G
R A Y L L U O F W N D T N T E
G C L L A Y R R A C I L G I R
Q D R U B B I N G I C E S T V
C L I P P I N G S P K M N I B
G A S T R O N O M Y I E A E W
Z L N S E S U F N I E N R S B
F A I N E R M Y K N S T L O B
V T S E D N U O R O A S E B M
S R E T S N U P G L F C D R G
```

BATTLEMENTS	EXAGGERATING	NONENTITIES
BOLTS	FAINER	NOTIONAL
CANNONBALLED	FOULLY	PLAGIARISM
CARRYALL	GASTRONOMY	PUNSTERS
CLIPPINGS	INAUGURATES	ROUNDEST
DICKIES	INFUSES	SINGER
DISDAINED	JAMMING	SNARLED
DRUBBING	LOUDNESS	

Puzzle #95

Assorted Words 95

```
D Z C A S J K M G K W O Y Y P
S E P C I B O H P O M O H A J
E N T R A P M E N T L Z C Y S
L D I E F A M I N E D I I D I
Y N A A K A T S I M I T P O N
H O D G T C I S M R B Y H E A
R O B E L R U T Y A E E E S U
L A S S T A E B H N E M R D G
A X W P U U C P R L C S I Y U
N V X H I B L I P E E S N B R
D E M E I T W L T A J S G I A
F I J H J D A U O C L O S H T
I N W H E J E B T P A R I Y E
L H O U S E H O L D E R S N S
L A T H E R I N G E X R P N S
```

ACREAGES   FAMINE   OPTIMIST
APPERTAINS   HOMOPHOBIC   POLLUTED
BUCKETED   HOSPITABLE   PRACTICAL
BUSBOY   HOUSEHOLDERS   RAWHIDE
CIPHERING   INAUGURATES   REJOINS
ENTRAPMENT   INSEAMS   SYNCS
EPILOG   LANDFILL
FAITHLESS   LATHERING

Puzzle #96

Assorted Words 96

```
M S E H B D I G G E R I H E Y
O A E S S Z E Z Z O C Q O N B
D H A T E G M R T F A C R D J
U U G T A S N T E H T B R A O
L R J O N R S I S K W K O M B
A P R B A A T E N E A K R A S
T U N E O T D S R E L M S G E
E L V M I A S N A T K A U E R
S S O U I D T K U C S A E S V
T A W S H I W E I B A E W R E
T R X E O H V A R N A V C A R
C I N D E R J J B C S I J N S
T O U G H L Y G R O O V E O A
K Q I P Y T I R U P M I B M H
S A C T S E I D D U M V I I T
```

ABUNDANT
ANCESTRESSES
AWAKENINGS
BAWDIER
BEMUSED
BOATER
CASTRATES
CATWALKS

CINDER
DAMAGES
DIGGER
GOATSKINS
GROOVE
HORRORS
IMPURITY
MAKER

MODULATES
MUDDIEST
OBSERVERS
PULSAR
REALEST
TOUGHLY

Puzzle #97

Assorted Words 97

```
D E S R E P S R E T N I A T B
Z E Y C J L G E X G E F L I I
S R E Y A P R U S A B L E D L
A A Y C U N A H B S O R D B L
A T S T M K N X G K E V G I F
D P T C I T D E N W V N E T O
M B P R I L M M D P V M R S L
I E N O I T A T L U X E E A D
R T L I I B S T E U S C D M H
D U O O O N U O I K H E F P I
P O P M D L T T N P C A P A U
Z H S I V I R M I G S A T N M
P C S Y L S C U E O O O P S V
P A P R I K A S P N N R H V K
K W I N T E R M E N T S P I Q
```

APPOINTMENT INTERSPERSED SAMPANS
ATTRIBUTION LEDGERED SCANNED
BILLFOLD MELODICS TIDBITS
EXULTATION PACKET USABLE
GRANDMAS PAPRIKA
HARNESSES PAYERS
HOSPITALITY PROGNOSTICS
INTERMENTS PURLOIN

Puzzle #98
Assorted Words 98

```
M J S U O I D I S N I I R Y R
Y T I V A R G T Y P I C A L O
W S K V L K N E E C A P S H O
T P T D T C R O P P E R S M F
L A B D E Y A C E D A X N Y T
G S W H R N S K C U H C C R O
Q M Y T N A R A U G C Z S D P
D E C U A S D A Z Z L I N G S
Z D F N T R E I D O O M X T P
V A Q D I S E M B O W E L E D
Z R M Y V V I P G N I B O L G
C O N F E C T I O N S E L I F
N O I T A S L U P J T T Y K C
U H O V E R H A N G X K W A W
U B C O R P O R A T I O N S S
```

ALTERNATIVE	DISEMBOWELED	OVERHANG
CHUCKS	FILES	PULSATION
CONFECTIONS	GLOBING	ROOFTOPS
CORPORATIONS	GRAVITY	SAUCED
CROPPERS	GUARANTY	SPASMED
DARNED	INSIDIOUS	TYPICAL
DAZZLING	KNEECAPS	
DECAYED	MOODIER	

Puzzle #99
Assorted Words 99

```
R M O G Y E E D A H S P M A L
Z E V E N S H T N O I L L I M
S A E V X I I N S A C B Y I F
U U N S E P L A T N J P A N L
B W B A R M A I D H O K Y S Y
S F E M L E A N O R H I N E H
E A X T K O V R D R E D N M K
C E N T E R G O F I B P G I J
T P S T D F E U N S N L P N M
I J A R I X F S E O H G Y A X
O K P W E Q S E Y I E A Q T M
N G H N E N U K A P O Z H E S
S G O R K G N I N W O R C S K
M I N D F U L U N A L F L W S
T S H A V E R S G G H M M T A
```

ANALOGUE	EXPANDING	MINDFUL
ANTIQUING	FRAME	MINIONS
BARMAID	GUNNERS	OVERSEER
BROILING	HANKS	SHAHS
CENTER	INSEMINATES	SHAVERS
CROWNING	LAMPSHADE	SUBSECTIONS
DAISY	MAPPER	
EFFETE	MILLIONTHS	

Puzzle #100
Assorted Words 100

```
M D X S L D E R E V E L G A H
W H X R N R E D N E T L A O G
M L I M G N I N O S I T T E J
A I N D E F A T I G A B L Y O
R I A B I N S L E A P S Q J R
C W N A M S I N P U T S W V A
M I V O X U E I O M Q N Z M L
H L R V G J K H N R R Q U M L
H W E C D E N O S M I R C O Y
Q L A R U P B C H U V N T S F
C H I L L I N E S S G J G H L
R Q A L B N T S K E E W D I M
Z F W F C U W I P O M P O N G
L T W R V P M T N P R E S E T
U A Y M Y S I S L G P Q A N B
```

ALBUMS	HOKUM	PINUPS
BEGONIA	INDEFATIGABLY	POMPON
CHILLINESS	INPUTS	PRESET
CIRCUITING	JETTISONING	SNORING
CRIMSONED	LEAPS	
FOUNTAINED	LEVERED	
GOALTENDER	MIDWEEKS	
GUSHES	ORALLY	

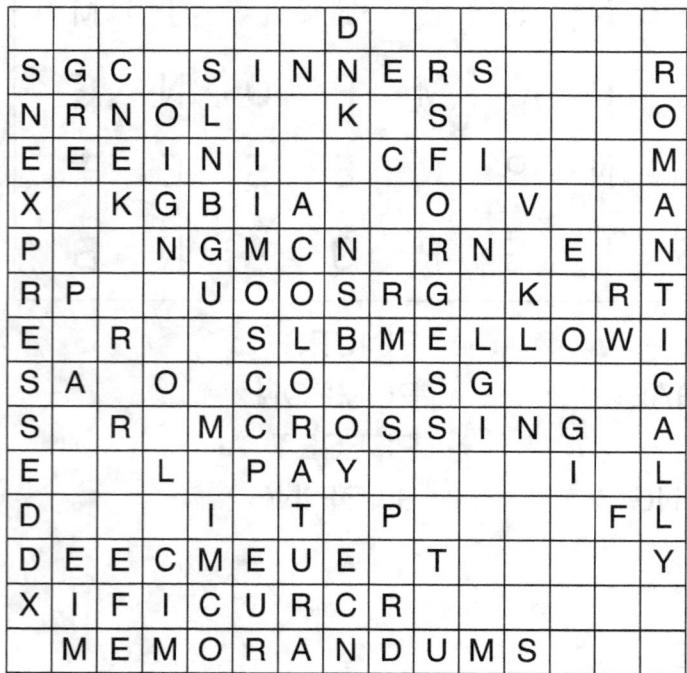

Puzzle # 5
ASSORTED WORDS 5

```
  N L D Y C   S T I W T I N
S E   A E L O R E I T T O P S
C E G   M N G N I M M I L S
R D   N Z A O N S N O C A E D
A L   I T S D I O V
G E S B   H U E N S R O
G S L E D L T B R A U T W
L S O G   E S A B I B F I E
I L B U   T D A L I E A N N L
E Y B I   I   A W D K S   O G
R   E L   C   R M E       C
    R E L B A T U B I R T T A
K I C K O F F S     A L R
      D E H S U R C   L A
N O I T A N O S R E P M I T
```

Puzzle # 6
ASSORTED WORDS 6

```
P   Y L T N A P M A R       F
A G N I C N E M M O C E R   E
C B   R E D R E W           M
K S A D     G A U C H E R   I
E   N B E S E N T I N E L S N
R   A I Z   C               I
F   C C Y E A N I H P U A D N
  F B L A N D L Y L         E
  U I U C A K B O O B I E S
    C   M K B L G   H
    K D   S L   A N   T
      I   N   I E   W I   A
Y L D N I K A     E D   Y T C
        G     H   S     A I
F O R M A L I Z E D T     J S
```

Puzzle # 7
ASSORTED WORDS 7

```
  P G       N A G I M R A T P
  O O N S L A U G H T       R
S S   I       C           E
P T   F I L L I P I N G P T
A E L B A T U B I R T T A R
W R T   M   R A   C     N O R
N I H   E       I H U     E G A
I O I   T       E M S   L R I
N R N T H I G H S S A   I A N
G   K C O M P O S T D   S D M
    E   U         A D   T E A
    R   G G N I D N E F   S K
    S   H         C S       E
P R I N T E R S     E T     R
M O N O L I T H S E G A W
```

Puzzle # 8
ASSORTED WORDS 8

```
W   S R E C N A L
S I E R U T L U C A U Q A
K W Z   E S T I A F R A P I
I   O E L D               R N E
P     H N A D             O N N
P R   C E R A             T O V
I   O N P T D E L O A G E V E
N   D S W I N     T B     A A L
G   E I O O E   A L     N T O
      R V H U M R L L S E P
C H I G G E R S S E O   A D I
  B A S K E T B A L L S   G N
              T     Y C R   G
  C A P T I V A T E D     U
G N I U G A E L B           C
```

Puzzle # 9
ASSORTED WORDS 9

D	E	L	O	B	M	A	G	R	E	D	N	U	O	F
		D		E	L	E	C	T	O	R				
			E		E	R	A	I	N	C	O	A	T	S
	O	I		R	L		R	F						
M	P	S	N		E	S	B	E	F				C	
E	T		E	S	C	K	U	R	T	I			O	
D	I			I	T		N	L	A	E	N		M	
I	M				R	A	C	U	L	I	M	I	E	
T	I	D	F	S	O	C	L	I	H	E	S	O	T	
A	Z		E	O	P		E	L	T		N	I	D	Y
T	E			L	L	E	S	D	I	P		L	N	O
I	S				A	D	L			N	I		Y	S
O					T	C	E	L			G	L		
N					E		O	R					C	
S	T	A	F	F	S			L						E

Puzzle # 10
ASSORTED WORDS 10

G	A	R	R	U	L	O	U	S						
S	F	I	N	G	R	E	D	I	E	N	T	S	M	
O	B	O	O	K	M	A	R	K	E	D	W		O	
B	R	E	N					C		B	I		T	
S		E	W	D	B			O		I	N	T	L	
E			D	B	E	L		L		P	K	S	E	A
S	M	G		I	O	S	U	O		L	I	C	Y	B
S	V	A	N	R	N	C	T	N		A	N	E	E	H
I	E	E	T	I	E	S		I	T	N	G	N	R	O
N		S	L	R	R	I		S	B	E	A	T	E	R
G			N	T	I	A	S	T	W	S	D			R
				E	E	M	O	S		E				E
					C	S	O	R	O		A			N
						N	T	N		M		R		T
G	N	I	M	R	E	T	I		Y				S	

Puzzle # 11
ASSORTED WORDS 11

P	E	K		D	E	H	S	I	N	R	U	F		
T	A	T	C		C	L	H	U	M	E	R	U	S	
R		S	A	A	B	O	B	H	U	R	R	A	Y	S
A			T	R	T	U	L	A						
N			H	A	P	T	S	E	D	Y				
S		C	A	S	S	I	A	T	S	N	E			
F	I	N	N	E	R		R		L	L	E	A		
I	W	W	D				T	E		E	A	P	H	
G	E	I	B				I		S	W	S	W	E	S
U	A	L	O				F			U	H			D
R	T	L	O	T	S	E	I	H	S	A	B	O		
I	H	O	K	H	A	T	C	H	E	R	Y	A	S	
N	E	W	B	O	W	L	E	D	E	S	P	A	L	E
G	R	S		S	E	I	H	C	R	A	R	E	I	H
	S	E	I	R	R	E	B	E	L	K	C	U	H	

Puzzle # 12
ASSORTED WORDS 12

G	N	I	T	A	I	T	A	R	G	N	I			P
		H	C	N	E	L	C						P	H
T	S	I	N	O	I	S	S	E	R	P	X	E	R	E
S	R		C	R	O	Q	U	E	T	T	E		E	R
P		E		O		D							D	O
O	P	Y	L	T	N	E	R	A	P	P	A		I	M
R	A	C	O	A	H	T	N	E		U			C	O
T	T		U	K	H	G	E	O	A		K		T	N
S	R			P	E	N	I	S	T	R		O	I	E
W	O				S	D	I	N	T	S	I		O	S
E	N		E	R	A	F	N	A	F	A	E	E	N	H
A	A	S	R	E	L	L	U	P			N	L	R	
R	G				G	E	L	L	I	N	G	T	I	
G	E	N	U	F	L	E	C	T	I	O	N		S	M
				O	V	E	R	T	A	X	E	S		

Puzzle # 13
ASSORTED WORDS 13

```
K Y L S S E L D N U O R G I
  S   B F L O W E R Y H   N
G   I A   M S I N O D E H T
  A D E R E F F U B     R   E
    S   B E T A C K L E B P R
G   T E   T S         I O P
G N I R R I T S E B     V M O
I N I   E O     A L     O M S
Y N O T D S N       L   R E I
  O V I E E P O       U E L N
  W E S K R Y M     L   D L G
    L R I C E I Y B E R E H
      E T V A T N       G D
S T E W E D S I R T G       A
D E R E T I M   D B O     B
```

Puzzle # 14
ASSORTED WORDS 14

```
  I M P O V E R I S H E D
        C     B   Y S
T       O   O S A K     V
W     N   T   T   R L   A
I     S   T     S   R A C
R     T     L E C N E D A C
L     S E I F I T O N   H   I
I M P E R S O N A T I O N C N
N D C O N S I G N S         E
G   I   A   E Z I R E V L U P
    V T     H L U R K I N G
C O P Y I N G   S
    O N       A
    N   E       G
      E S C A P I N G
```

Puzzle # 15
ASSORTED WORDS 15

```
      S R E S S E U G
          P A D D O C K S
    C R A S H E D
    S E S N E C I L
B   S H A D E M A N D I N G
  I   C U R R Y C O M B I N G
S N O I T A R T S A C
L   L   G R E E D I E R
I R E G O L A T A C A
M       G   F U R B E L O W
M   S E C I F   I V O R Y
E   D E V A S T A T E   D
S   S U O E N A T N A T S N I
T       R O H B A
  N A T U R A L I S T
```

Puzzle # 16
ASSORTED WORDS 16

```
M I S C A S T S G N O L O R P
  C A T E G O R I Z I N G A
    T C I R T S I D     P N
P   W S   E           E N
E E C A S T Y   O       R I
N C O L L E C T E D     M H
I O N K O O N E I   L   E I
N S V   W O U O L L   I   A L
S Y A   O   N T R G I   V T A
U S L   N   E R H E T     E T
L T E   D   Y U T N U     O
A E S   E       S N E   F R
S M C T R A N S M I T S D
  S E S T N E R A P D N A R G
    D O N S L A U G H T S
```

Puzzle # 17
ASSORTED WORDS 17

			B	E	T	R	A	Y	A	L	V		S	
D	E	R	R	E	T	N	I	S	I	D	I		P	
P	S	E	V	O	C	L	A				N		I	
I	E	B					S	G			E		L	
C	A	T	A	M	A	R	A	N	O		G		L	
N			E	R	D	D	S	S	I	R	A		I	P
I				M	R	E	E	S	M	A	R		N	R
C					A	O	G	T	E	O	L	A	G	I
K						G	W	N	A	C	K	P		N
E						G			O	E	N	I	X	C
R	E	S	A	E	N	U			S	R	R	I	E	E
S	L	A	Y	S		N				R	P	U	R	S
L	A	C	I	M	O	N	O	R	T	S	A	G	A	P
D	E	K	N	A	T	Y	H	T	R	I	B	E	R	L
		N	O	I	T	A	L	U	C	O	N	I	G	

Puzzle # 18
ASSORTED WORDS 18

					C	S	L	I	T	T	E	D		
		S	S		O	G	D	E	F	F	U	T	S	
			R	E		N	N							
S	E	L	L	O	U	T	F	C	I					
					A	C	O	U	E	T				
M	O	L	T	E	N		C	N	T	I	R			
R	T				C			O	K	I	T	I		
E	R	E	T	A	I	L	I	N	G	N	L	E	L	
T	A	S	I	S	E	H	T	I	T	N	A	E	D	F
O	N			T	N	A	L	S			P	B	L	
U	S			E	T	A	G	O	R	B	A			Y
C	P	S	N	O	S	I	R	R	A	G	T			
H	O				D	O	O	H	T	S	E	I	R	P
E	R				R	E	F	E	R	E	N	T		
S	T			E	K	A	N	S	E	L	T	T	A	R

Puzzle # 19
ASSORTED WORDS 19

	N	E	T	H	G	I	R	F						M
		D	T		F	O	N	D	E	R				A
S		I		S	E	T	A	R	G	T	H	O	R	N
A		R	R	P	E	E	L	B						T
L		E	T	I		D		E	R	O	L	P	X	E
I	S	C	O	N	S	T	R	U	E	S				L
E	K	T	U			K	A	A	S					
N	E	N	P		Y		I	R	W	H				
T	L	E	E			A		E	S	K	I			
S	E	S	E				R		R	O	W	R		
	T	S	C	I	T	O	I	B	I	T	N	A	E	
	O	E				M	E	R	M	A	I	D	S	S
	N		L			D	I	S	T	A	F	F		
				S			S	I	N	K	H	O	L	E
	P	E	S	T	I	L	E	N	C	E	S	C		

Puzzle # 20
ASSORTED WORDS 20

		S	S	E	N	S	U	O	E	D	I	H		
T			I	D	O	L	A	T	E	R	S	C		
	N		M	A	N	S	A	R	D			A	R	P
		E		E	Y	A	G	O	B	L	A	T	E	H
	H		M	G	R	D	L	N				N	L	O
	A			E	N	O	N	E	I			A	A	T
	R				G	I	G	A	M	P		P	Y	O
	M					D	N	E	H	O	M	P	E	G
C	O	L	L	E	C	T	I	O	N	S	H	I	D	R
O	N	O	T	O	H	P		R	K	O		N	R	A
M	I	R	E	B	U	I	L	T	B	C	U	G		P
I	C		P	A	S	S	K	E	Y	A	E	S		H
N	A		S	D	N	A	L	R	E	V	O	B		E
G	Y	L	S	U	O	I	R	B	U	G	U	L		D
			C	O	N	S	T	R	I	C	T	I	N	G

Puzzle # 21
ASSORTED WORDS 21

```
G N I P U O R G E R
  B   D       R S H A K O O H
  A N C E S T O R S G N I L S
  T     R V H A Y T E
M H E G U I C M L A I
O R S K N T L N E R I C
U O     T C I P L A N E T A
L O     R A T U A R I T I L
T M       O J R   I B C T N G
S E R U T I T S E V N I   A I
  S Q U A T T E D X Y     L
          B U S I E S T
O V E R T U R N S T I F T U O
        G L A M O R O U S
        M E N H A D E N
```

Puzzle # 22
ASSORTED WORDS 22

```
C B   S S M U I N N E L L I M
  A E D T P G L S L I D E S R
  C N L E N O N E       P A
E K A O G T E H I R       R M
A B   P N N A M S N E     A B
T I   C T I A I L R R K   I L
E T   O A I Z T R L E A C R E
R T   G G T O A N P O B E I S
I E   N   R A N T E O R R E P
E N   I   E L S I S R N A
S W A T E R   Y O   O I P E B
H O P I N G     E G   N D X
  D R O W N I N G S S     S E
    I N T R O V E R T E D
    F R I G H T E N E D
```

Puzzle # 23
ASSORTED WORDS 23

```
D E L I C A C I E S
  E A D M O R T I F I E D L I
  D T B R G R           S A N
S E A A A N P         T N T
  A   T L N M I U     A D E
R   C   I A D A Y L   N S L
    E F H V D C O T F E   Z L L
M D M I E   E S N I I N A I E
A P R I R M   R E S Z S C D C
N U   U A M S   C E   E L E T
I L     D L N     D   D A S
A S         G C E             F
C A       D I S S E C T I O N
A R           N I S
L S E L D D U M G D E I V N E
```

Puzzle # 24
ASSORTED WORDS 24

```
    T A P R O O T       Q
T A T T O O P E N T H O U S E
    E T O N K P O T T P I U T
    E   T   E         R E N N Y
I   M   A   M         I N T B P
M     B S P   I       B I E R E
P     A L L O T M E N T E W
I       R A U B I S G T A R
E D I V I D R I C E R S E K I
T G     I   A C X Y A     A T
I U     L   S I E S M B E
E S T E C A F     S F     L R
S H S M O T H E R E D F   E S
  E   C R E E L I N G   O
  D E T N U A J A Z Z Y
```

Puzzle # 25
ASSORTED WORDS 25

Puzzle # 26
ASSORTED WORDS 26

Puzzle # 27
ASSORTED WORDS 27

Puzzle # 28
ASSORTED WORDS 28

Puzzle # 29
ASSORTED WORDS 29

```
A   G Y L S S E L H T A E R B
H P   N S T N A N E T U E I L
A M P   I   G                 C
N I   E   R   R               O
D S M   N   E D I F Y I N G N
W S B P G D   E E D       S D
R I A T O N A L N T D   P I
I O Y     R I G N A O L   U T
T N I       T H E R C I E R I
I A N       U S S E C R T O
N R G         N I     T U S N
G Y S E X I E S T E N   S B A
E L L I P T I C A L S R   I L
  O T T E R B I L       U   C
D E C S E L A V N O C     B
```

Puzzle # 30
ASSORTED WORDS 30

```
  W D H M S T S I N R E D O M
R   E E E U S   M
P E   D D S S E   L
R   K   D N I H V O A
O I   C   E U T R I G B
G N   I A R O A O T N M
R D A   L   R T O A I E
E I   M   D F U D G E M R B
S R     A E R O H C     S U
S E   B U R E A U C R A T I C
I C I     S A S T I N G E R S
N T   R   G N I R E T A R C
G I     T S R E T O O H S
  O     N   H
  N     D E G N A H C X E
```

Puzzle # 31
ASSORTED WORDS 31

```
L A N O I T C N U F
O X Y G E N A T I N G
Q T N A R U A T S E R
U   A           B R I Q U E T
A E C N A N E T N U O C
R R V S E L O S N I
T S E I   S P M A R C
E   C G T R T S P U E K A H S
R     A A A A H   S T U O R T
F       M N I D E S U O L B
I         P A C I T   R
N R O B N U I T O A I   F
A   C H E C K E R S N Z   E
L A I D E M E R S     S C E D
          G A R D E N I A E D
```

Puzzle # 32
ASSORTED WORDS 32

```
      S E N S I T I V E L Y
    H E A D H U N T E R
      Y T I L I B A C I L P P A
E L G R U G D   R E L B B O C
N S W I G S N     B       V O
Q E S       E U   E       E M
P U S V R M B   G O T     R P
R I H   A E P R   N R     C L
O V R   M R L R A   A     H E
H E I   U G T B O S Y H   A M
I R K   L E   N B P S     C R E
B   E   L     O I E E     G N
I   S   I       C R R S E T
T       O T R U E S T C T D E
S M O U N T A I N T O P S Y D
```

Puzzle # 33
ASSORTED WORDS 33

```
      G N I M O C R E V O   S   P
        H O O D O O E D       Y J I
O         D E L L I R D N U C
N           B S           A N K
S     H I T H E R A     B G G P
  E M       S Z V     R O L O
  T O R       I I   N E G E C
  S T K O     E   L A S S K
  T I T C W D G     A D C   E
  O V   I O W E J O U S T E D T
  O A   G T O R       H U
  P T   R E T L U A S S A R
  I O   R A G L         B
  N R     S M L
  G S   D E Z I T P A B
```

Puzzle # 34
ASSORTED WORDS 34

```
    O D D I T I E S T U O P S M
      L A V E N D E R S       I
S A S A B L E I K             N U
  N I K U E L R E T N I       U T
S P   S E C I T T A L         T E
P R G O V E R N O R S H I P   E
I E O S H U S B A N D E D     M
A A G S E     L D V           A N
N C   N S S B   O Y E
O H L   I E U   D P C I
F E E   M L R O E P U R
O D   R   L   E   N E A G
R       I O I S T   W D S
T           C   F U   A
E           K S R E G N A D
```

Puzzle # 35
ASSORTED WORDS 35

```
S S E N S S E L D N I M
B E A R D E D E R I F S I M
I   K S T U O L F       T R
G   N P G N I N N U G   E A
H   F O R A G E S       N M
O   W L T C   M D       F I
R   I A N S B E R       O F
N   N   U U L   U A     L I
S N U G O H S N A O   O T D E
T I D E D       D J O   N E S
  S K R A M E R D R   F   E P
M I S B E H A V E D Y       D
        S E I R R A C S I M
    N O N V I O L E N C E
        R E N O I T I T E P
```

Puzzle # 36
ASSORTED WORDS 36

```
E G A L I T A R I A N S       P
F   F I R S T S K O O P S U
    R     T S E I N I A R   P
      O S   C O P I L O T S   P
S     N R       W H   Z       I
J D     T E D       H T   A   E
E   N   A K R       A A   L D
R   E C A L C U L A T E D   B
E     T     O A M       S R
M         X   W   R M         B
I         E H         C I
A E X C E P T I O N S T N
D P L A C A R D E D       U G
  D E P E N D E N C Y     N
  L A C I G O L O C E N Y G
```

Puzzle # 37
ASSORTED WORDS 37

```
      P O L Y G L O T S
      T S I L A U D I V I D N I
      P A P A S G N O L E V I L
I N T R U S T I N G
F         R   R D E B B A H E R
R I       E O L F
I   N   C O N F E R M E N T S
V M S       O R Y R O
O A   T   M S E F T S
L G     A Y L E T I S T
O N         N   A H S R E E
U D E W E M   T   P T A T K D
S   T I T T E R L   A E E E
    S S T A R C H Y   N E   P
    D A U G H T E R S       T
```

Puzzle # 38
ASSORTED WORDS 38

```
D E S E N S I T I Z E S
            C R E F L E X E S
    G D E R E H D A
H Y         I C N E L G N U J
A P F   C   R   I L A R I A T
N S U O O   P   S R   A
D I N F R   E R E   C D
C E S E U A D   E     U
R S P   S L G   D T   A L
A E O   C R M E     T T   A
F W K   A   A I R     I     R
T A E   T   O N S   O S
I G N   E       C A   N
N E D O D D E R S     T S
G N I Y F I L P M E X E
```

Puzzle # 39
ASSORTED WORDS 39

```
    H E L I C O P T E R E D
            H S I L R U H C
E P I L O G U I N G
      B I N O C U L A R M
      D E R E P I L L A C O
        D E A N I N G N T
    I N S E C T I V O R E I   U
D E R R A B S S O R C     V H N
      C E L E B R A N T S A   C
            B A R R O O M T   L
    E S O L C N I     B   E   A
I M P O R T A T I O N S       S
            L I N K E D       P
      C A R B O H Y D R A T E
G N I Y A L E D                 D
```

Puzzle # 40
ASSORTED WORDS 40

```
I           B P U P P E D S
N I       S R             A
D N C O M P R E H E N D S   V
I S R B   N   A H           A
G T   I   O   T   S         G
N A M   T D H N O I T A N   E
A N P   P A E D     F       R
N C I   I   N M E     G     Y
T I N   C   I O I       O
L N G   K     C O T         D
Y G S M S I R A B R A B N
F A S C I N A T E D   L   U
          G   G L A S S I N G
G N I Y F I N O S R E P
L I T E R A L     W
```

Puzzle # 41
ASSORTED WORDS 41

```
      M U S K E L L U N G E
        E I R E G A N E M
    H     L Y R G N I C I O V
C C S M U L L E B E R E C
S O A I   N I L I N           C
T T M N N   M F I B W         O
A   I P N E S A L S B A       I
G D   P L I T H D U   A R     N
N S M   P A B T E E O   R P C
A E   I   L C A I B   U   C I
T E     R   E E L K A S   D
E R   T N E M T N I O N A   E
S S C U L P T O R C S   G   N
        S D N E T X E M   S T
      S E Z I L A N O I T A N
```

Puzzle # 42
ASSORTED WORDS 42

```
        D     R S E L T T E K
R O T C E L F E D N
  O       H S   V   O
      L S     S T S I C R O X E
N   S A D D   I A N R   C
S O G E V A E S M T E D     A
G A T N I C E L E E E K     M
S N L T I F H H U R L S C
O S I O U L I E R R U B I I
L   R S I B C N R E R S   D S
I     E S D   A O I T E O   E
D       S I A   N S S T V L
E         W K L   A R H E O C
S         E T A R G   M E E L
T S R E T T U H S       P D
```

Puzzle # 43
ASSORTED WORDS 43

```
    C C     T   C A R T O O N
S   I O C S N S T N U A L F S
C E   M N O E E P           H
S U L   S G N R I E         I
  T R D   Y L G U T E       P
    N L D L L O R S A L     P
R R   E I A I C M E A P B   I
U O P   M C D Q A E S E T   N
M D L   E U E U T R S L U G
M I A   N L E K I A A M P O
A N T   T   E S S D C T A
G G E   C A T E G O R I Z E N
I H A L L U C I N A T E Z   D
N U S L R A N G       E
G   X     S E T A G I T I M S
```

Puzzle # 44
ASSORTED WORDS 44

```
D D           B O P     Y
  E R D       R   O     A
    N E E       I O H   R
      R A L B   G   H C D
L E     E M I O H   E   A
A S T S D T L F T   D   G
S E S A K E N A E C E A S E S
C R R E N R P I N   H     M
I   E O L I O P S D   I   O
V   H C T M C A L L I N G T
I     S A H O   L       G H
O       U B G N   C       E
          L L I E         R
S H O W E R   B A L D     E
    Y L I K C O C F       D
```

Puzzle # 45
ASSORTED WORDS 45

```
            Y L L U F T S A O B
S   C I N S U F F I C I E N T
O   A H S E V A E L R E T N I
A   U   O       G             W
P R T   C       O       G R
I S E       K       G     L E
N   R L G A Z E B O   G   U A
G   I E B W A R D E R S L I K
    Z   H B     F R I S K I E R
        E     T A S P E C K S S D
D E M E E S O D       C   T
      P R E E M P T S   A
S E R U T P U R D           L
S E Q U E L     K C O M M A H F
      S E R I P S E R G
```

Puzzle # 46
ASSORTED WORDS 46

```
            J E E R I N G L Y   O
L A I S R E V O R T N O C       V
              N E U T R I N O E
S N O I S S I M R E T N I     S R
C O U T C A S T   V           E P
S O             L   E         A R
  G A P I N G     A N         W I
  D   A G B R O W N I E S T A N
S E   B U             N N     R T
Y E L   Y L         G   O     D I
M R C K S E A       S         L S N
U D N C K N T                 O G
    E N I E R O I     D E O O C
    H U R R U M N
          R S P F L U G G A G E
```

Puzzle # 47
ASSORTED WORDS 47

```
G N I T O N E D     Y P P O L S
Y L L A U T N E V E
S         P E K A R D
L R G       E     D R U D G I N G
E   U O       C L       R
C S A E P K C I H C E
T         S H   E B       V
U     D     S E R           E
R         Y   I R K I T T E N S
E D R U G S T O R E S
S A N D A L L G N I D N O F
C I G L A R U E N N
S L I V E R E D X   O
S A R D I N I N G I   C
              D E T A I C A M E
```

Puzzle # 48
ASSORTED WORDS 48

```
D T A K E A W A Y S
    C E     S K U N K I N G
T     O P     G N I T A U D A R G
O N   L O T W E A K I N G E F
U   E     O R E I P M U R F C E
T S   M   N T W E I V E R A L
L J E   E G N I L O O C E P L
A O   I S L   A N         G I O
W T R S R C P   D G       R T W
I T N D N A I P S E       E U S
N I L E I E E M U A S     S L H
G N   I M N M R E S L     S A I
  G     T R G A D D       O I T P
      S E X T E N T       N E S
U P L A N D F   S     E G D
```

Puzzle # 49
ASSORTED WORDS 49

```
T S I T I A R T R O P
S N O I T A C I F I T O N
            S T A T I N G       R
L B A C K S L I D D E N         E
A L D P R E   S A H I B S P
B A   U   E N     I             U
O N M R P   V     H   L         D
R K A P I L D E T A R E B       I
I E R O T M I E L A N A D       A
O T G S C S I C R A B C S       T
U E A E H C   A A U T B E P     E
S D R S E O     L T T I I R S
L   I   R N           C I L O N
Y U N B U C K L E S E N U N G
      L E U Q E R P       R G C S
```

Puzzle # 50
ASSORTED WORDS 50

```
  S E K O R T S R E T S A M
  I M P L A C A B I L I T Y
    L A G G A R D S
      G N I X I F S I L T I N G
      S T N A D N E T T A       E
  F E M U R S M E T E R E D N
Y L T N A L L A G           H C
D E H T O O T K C U B         R
      A T R O P H I E S       O
L O U D L I E R     T         A
      S S E N K C I S R A C
      G N I C I D N U A J H
        Y L F N O G A R D E
      F U L F I L L I N G S
T S E R O O P     Y
```

Puzzle # 51
ASSORTED WORDS 51

```
  E L U O J   S T R O N T I U M
C     A S T O U N D
O Y L N A M N U Y R R A M E R
L   S T E R I L I Z E S A
O S E S P I L L E   T   E   O
G     A   T       A   L   V
I   A U T H O R I T I E S I E
C M       C   E N   T D R
A P       O S C     R E S
L   O S W I M M I N G O A T
      T R A C K   N O M L A
S S A L C T U O   G C I T
Q U I N T U P L E T S   L Z I
G N I R E H C L U P E S   E N
        P U P P I E S   D G
```

Puzzle # 52
ASSORTED WORDS 52

```
    C P O I N T I L L I S M
S   I   N U R S E R Y
A I D T S I D E B A R
N D M I A T         N
D   I I S M L   D N Y P A O S
B   C S A M U I     E A   S U
A   O U N O E T S D       P N
G   S S   U N S J N       O B
G     T E   N P U         O A
E       A S   T R         F T
D       C O R N M E A L E H
F E S T I V I T I E S D   D E
  E N C U M B E R E D     R
    R E S E R V I N G     S
      E S U L C R E
```

Puzzle # 53
ASSORTED WORDS 53

	E		B	D		D					R		
	L		E	E		E	T	C	E	L	E	S	
N	R		I	G	C	N		U			A	M	
O	E	O		R	N	O	I		G		R	P	A
R	N	T	B	E	I	M	A	H	A	T	M	A	N
T	D		D	C	U	T	T	I	D		L	R	I
H		E		L	E	S	S	T	N	S		P	A F
E		C		E	J	H	N	O	G	I		D	E
R			I		S	B	M	I	N	S	D	E	S
N			D		S	O	E	P	K		D	T	
E	T	R	O	M	P	E		N		N	P		O
R			D	I	S	R	E	P	A	I	R	E	
S	P	R	I	N	K	L	I	N	G	S		P	S
L	O	R	R	Y	P	L	U	R	A	L	S		
		E	Z	I	L	A	U	T	C	A			

Puzzle # 54
ASSORTED WORDS 54

					Y	L	E	U	Q	A	P	O		S
		D	E	T	A	U	T	C	E	F	F	E		U
	E	D	U	T	E	I	U	Q						B
D		Z		L	A	I	T	S	E	L	E	C		L
	E		I		Y	R	E	D	U	R	P			E
T		R	M	D	S	S	I	M	S	I	D		R	T
S	N		A		I	A		D	I	A			R	T
C		E	G	D		R	F		E	N	T		E	I
O		I		N	R	B	O			R	G	R	L	N
L		C	R		E	A	Y	U		A		A	G	
I			O	A	L	D	H	L			P	P	P	
O	S	T	I	F	O	R	P	A	E			S		
S				S			C	C				I		
I	E	C	N	E	T	S	I	X	E			N		
S	H	O	U	S	E	C	L	E	A	N	I	N	G	

Puzzle # 55
ASSORTED WORDS 55

	R	E	R	E	A	D	I	N	G				
E	B		O	N	N	U	D						
	N	I		G	U	S	H	E	S				
		T	H	I	N	S	O	U	C	I	A	N	T
B	E	L	E	A	G	U	E	R	I	N	G		
	D		A	R	S	C			P	O	O	C	S
S	E	R	I	U	Q	C	A	D			O		
S	S	X	I	S	R		T		E				B
P	G	O	P	E	E	C		H	V	B			
L	N	R	O	S	I	C	Y		A	M			
	A	I	G	R	T	T	A	N	S	R		A	
		T	R	N	T	S	R		I	T		L	
			O	R	E	E	A	A	V	T		I	
				O	E		R	E	E		U	C	
R	E	U	N	I	O	N	H		S	Y	H		M

Puzzle # 56
ASSORTED WORDS 56

R	E	A	P	P	E	A	R	S					
S	D	R	A	U	G	E	F	I	L				M
F		R	B	R	E	A	S	T	S	T	R	O	K E
	I		E	T	A	U	T	N	E	C	C	A	R
C	O	R	N	I	C	E	S	A					C
T	H	T	E	E	T			M					A
R			H		T				O				N
O	U	D		O	P	A	L	S		T			T
T	L		R		U		H				U		I
T	C	E	X	I	S	T	S		C			A	L
E	E	H	U	B	B	Y	J	E	R	S	E	Y	S E
D	R		S	L	L	O	R	S					
W	O	L	L	E	F	D	E	B	O	S	S	I	E R
	U		D	E	S	S	E	T	S	O	H		
	S	P	A	N	S	R	E	G	N	I	G		

Puzzle # 57
ASSORTED WORDS 57

```
C I P O R H T N A L I H P   S
E         P L A T T E R     P
Q T G N I E E S E R O F     E
U P A T E L L A             C
A R S L S D E T N E S E R P I
R E T   U U     A H N A R I P A
T A O     S O         P     L
E S P       L N I     P     S
R S O T N E M I P B O D E S C
F E V     N     G N I P M U H
I S E   D I B B L I N G A   E
N S R   N E C T A R T   N   M
A I Q U A N T I T Y I   E   E
L N       C           N S   R
S G       Y         G
```

Puzzle # 58
ASSORTED WORDS 58

```
S       T I P S Y B     U R
  P D   A N     M R     P O G
M   U N   I E E   O     D S R
S O   R U   R M C W O   A T A
N L   N O N E P N       D T E T
U   A T   E H W H A E   E R I
G     G I D D Y A T R I R E F
G P     L N   S E R H T B D I
I L       E G   R R D P N M C
N A P P E D A   E G R I E A
G T G N I N U M M O C   E D T
  Y I N T E R M E Z Z O   V I
  P       E S N E T E R P O
  I   G N I P M A V E R G N
D E T E L O S B O S D A L A S
```

Puzzle # 59
ASSORTED WORDS 59

```
    C   M A S O C H I S T   M
C R A N I U M S             I
  F U     S T S E R E T N I N
  U S T N A T L U S N O C   E
B L A C K M A I L S         R
  F L   I C S R E T L E H S A
  I S   Y T I L I B A S I D L
T L Q R   G A L S T         O
U L U   E   R B O T S       G
F   A   E M U O T H O       I
T   D     F   F R S G C     S
I   D       U E   F C O I C T
N L E W O T L   R   L A P N A
G   D S E C R E T S   Y   A
E G A R O T S H A Z A R D E D
```

Puzzle # 60
ASSORTED WORDS 60

```
    H A R M O N I Z E D
  G N I T A R O T C E P X E
    A N A C H R O N I S M
    G N I R R E T N I S I D
B A S S O C I A T I O N     F
  R T D F O R E W A R N S   O
D D A U R I M P O R T E R S C
L E   I S A R U S E A C   M U
E P R   N H B     H       U S
V A   E   S E M     O     F S
I R   K   T S O       R   F I
T T     N H O   B         D L N
A I       I C R I C K S E G
T N       N L M           R S
E G       K   B   S       S
```

Puzzle # 61
ASSORTED WORDS 61

					F	A	C	T	I	T	I	O	U	S	T		
T	S		R		C	A		S	S					N	O		
R	U	O	E	A	E	N	B		R	A				E	F		
I	L	C	F		N	O	N	L	T	A	B		W	F			
C	L	C	R		T	N		O	O	R	Z	M	S	E			
K	E	U	A		I	I	I		N	U	O	T	A	E			
Y	N	P	C		L	C		H	D	E	S	S	G	S			
	L	A	T		I	A			I		M	I	E				
	Y	N	S		T	L			S	L		P	N	R			
D	E	T	O	M	E	D			C		A		T	G			
		S			R	S	L	E	E	K	S	T	S	Y			
	S	K	C	O	L	D	A	E	R	D			O				
G	N	I	T	A	U	N	I	S	N	I				R			
S	E	I	T	I	S	O	R	T	S	N	O	M					
	F	R	A	N	T	I	C	A	L	L	Y						

Puzzle # 62
ASSORTED WORDS 62

		F	I	N	I	S	H	E	S						
			S		O	E	F	I	W	E	S	U	O	H	
I				I		I	M	I	N	U	T	E	S	T	
N				S			T	A	H						
T	T				I		A	N	G						
E	H	S	I	F	Y	A	R	C	M	E	U				
N	S		E				C	D	A	R	O				
T	Y	A		N	Y	L	L	U	F	E	L	O	D		
I		R	R		W			D		K	C	F			
O		N	A	E	T	O	D	C	E	N	A	C	E		
N		A	N	M	H	R			R			A	D		
A			B	E	I	G	B			U			J		
L			O	L	H	I	E	V	I	T	O	V			
L			B	P	C	N				U					
Y		S	D	N	A	L	S	I		K				S	

Puzzle # 63
ASSORTED WORDS 63

	L	S		D	E	H	C	N	U	L				
U	A		E	E		F	A	L	L	O	W	S		
T	T			T		Z		D	E	L	D	D	I	P
T	E		P	S	A		I			E				
E	R	G	D	A	U	M		M			L	M		
R	A	E	D	E	S	O	P	M	O	C		I	A	R
E	L		G	U	T	T	N	L		T		R	S	E
D	E			A	J	H	R	I	E		S	I	S	A
	D				S		G	I	T	H		U	A	D
M	I	N	I	C	A	M		I	E	E		M	C	A
A	N	N	E	X	A	T	I	O	N	S	R	S	R	B
F	O	R	E	W	O	R	D	S		E		C	E	L
	F	R	E	S	H	E	N	E	D		B		D	E
	G	I	A	N	T	E	S	S	E	S				
		P	I	H	S	N	R	E	T	N	I			

Puzzle # 64
ASSORTED WORDS 64

	P	R	E	D	E	S	T	I	N	I	N	G		
W	E	T	T	E	R	H	I	N	O	C	E	R	O	S
C			L	I	V	E	L	I	N	E	S	S		
	O	D	E	I	F	I	T	A	R	Z				
D	E	N	Y	I	N	G				A				
M		G	S	P	I	N	D	L	I	N	G			
	L		S	R	E	L	L	E	V	O	R	G	A	
	B	A	S	T	A	R	D	I	Z	I	N	G	I	M
		B			T	S	E	I	B	B	A	G	O	
W	H	A	M	S		U	T					N	N	
		K	E			L	E					O	L	
P	A	T	R	I	A	R	C	H	A	S		M	I	
	H	I	N	D	S	I	G	H	T	N		I	E	
	R	U	D	I	M	E	N	T	S	E	O	N	S	
		S	T	R	O	N	G			D	Y	T		

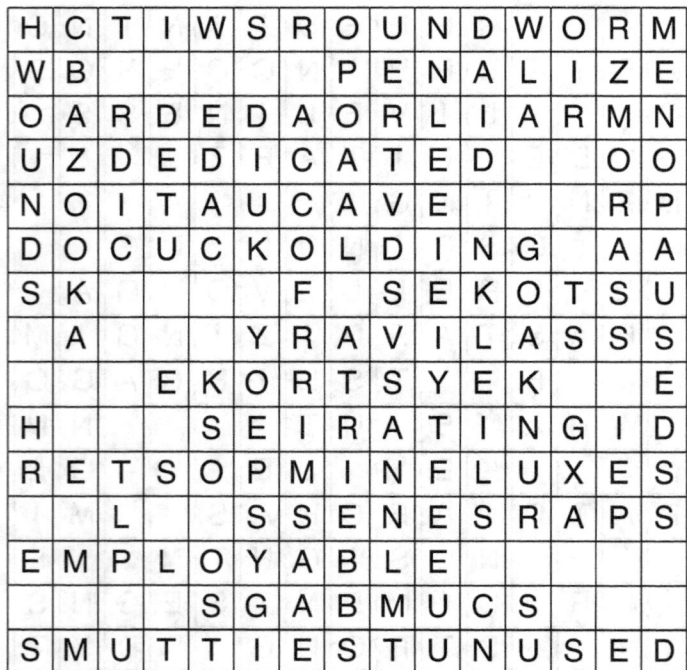

Puzzle # 69
ASSORTED WORDS 69

```
Y E O M E N D R I B E V O L
S E L B A M E E D E R R I S
O           S E T I H W   T M
V     G       K B A       E A
E D D   N       A K T     N I
R P E     I C   N O   C   C N
P E W T     L   G A R   A I S
A P D K S   O T L L   C   L A
S P R   I E U   E A       L I
S I O     C T   R E L E B I L
  E P     K N       B     N
  R S     I O             G
E Z I L A R T N E C E D
E R U C I N A M   R
    D E N O I X E L P M O C
```

Puzzle # 70
ASSORTED WORDS 70

```
            N I H I L I S T S
    C   P O L I C E W O M A N
    H   H G N I S R A E H E R
E   I S S E N I K S U H     S
  N R   G R O S S E S       U
B R O A D E N A   J O K E S R
L M P R         O L N       C
O U O D D         T D W     E
C N D R E R O H S A R O     A
U K I   P N         B Y S   S
T E S     H E D U L E D   I E
I M T     E Z             D
O P       M A
N T Y L L U F T E R F
S M R E D Y H C A P B
```

Puzzle # 71
ASSORTED WORDS 71

```
      D D R E T C E F R E P
    S   E E   Z           L
      N   T L S I         A
      E W   A E R L       T
D C A M B I A   T C O A   E
  E   G     R R   I R P E N
    D   N     E P   L A A D S
O C A U T I O N A R Y I P V I
P     C     T G N I E E C M E
T       T   T       Y   A
I     G N I T S A C E R R   F
O   R U T T E D   V       D
N     P S Y C H O P A T H S
E O P M E T S E M M I R P
D   Y L R A L U P O P     C
```

Puzzle # 72
ASSORTED WORDS 72

```
S     S D   S E U D B U S
T L T S C E   N I           T
A R I N E I T D E T O L I P W
L E V P E S M S B E R       I
A V A   P M U A U D T O     T
G I L   Y E A F N O E R S   T
M V I   S R L N Y K T U     E
I A D D E D A S I O D L S O D
T L N     T E F C     E A F
E I E S S E N I S M U L C H T
S S S   G N I R O L P E D W
    T S N O I T I S O P O R P
  S O F T E N I N G   A
    I N F R E Q U E N T
        D E Z I M O N O C E
```

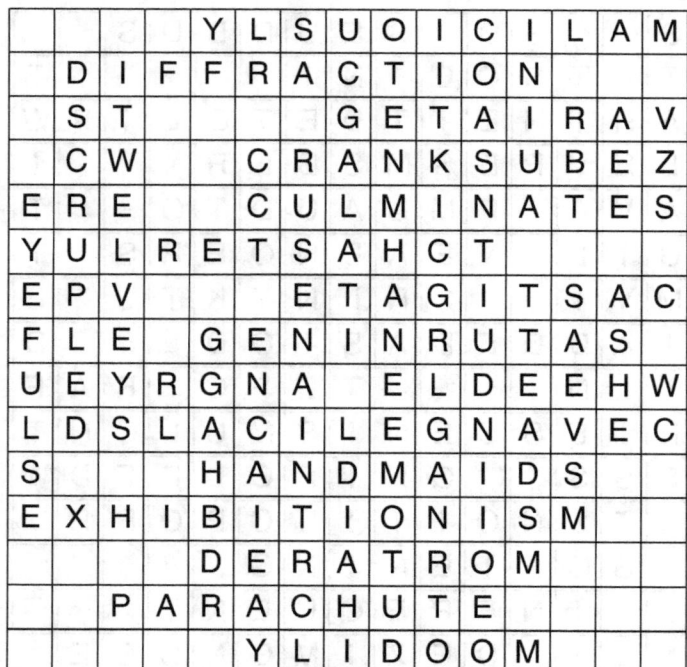

Puzzle # 77
ASSORTED WORDS 77

Puzzle # 78
ASSORTED WORDS 78

Puzzle # 79
ASSORTED WORDS 79

Puzzle # 80
ASSORTED WORDS 80

Puzzle # 81
ASSORTED WORDS 81

```
    D     R E S A H C R U P      
Q B O D Y W O R K R E T N A R    
U C   N T S E I L B M U R C      
A J K     U P K     U         R  
G O Y       O L S   B         O  
M D A       A H I A           U  
I H R     T   D G L       F G    
R P D     T       O H F     L H  
I U S A I T I L I M O T     A E  
N R A L L E R G I E S L I U N    
G S T N E M E V A E R E B N S    
      R E D D E R         T G    
        Y F I R T C E L E        
  S E T A N G E R P M I D        
  Y T I E N E G O R E T E H      
```

Puzzle # 82
ASSORTED WORDS 82

```
              S E I R E C O R G  
    C   I N D I C A T I N G      
    A S S O R T E D              
  I M P O R T U N E S         P  
N A I G E L L O C             E  
N O I T A S R E V N O C       N  
S S C O D D I N G             I  
E S L A I R O T U T       L T    
S T N E M L I A T R U C O E      
N U   I L   M A D D E N I N G    
  E O   M T             T T      
    T Y     A B         E I      
      A O     X U       R A      
          O J   E O     E L      
G N I K O R T S E D I S R        
```

Puzzle # 83
ASSORTED WORDS 83

```
    E M A N C I P A T E S M D    
  S T N I T S E R K C A B A E    
E R U T I N E G O M I R P N T    
    E T A R O T C E R I D O      
S E I T N I A T R E C A   R U    
M P   S E I F I L P M I S   I R  
O C A D E N C E S     G   L E    
R   P R I Z E S       N   L D    
T G N I T A U C A V E M   M      
I S R E H S I L B U P E   E T    
F     A N T I C K I N G L E      
I V I S E S M O L L S T   O R    
E S C A R L E T O     S   D M    
D S O U N D I N G B       Y L    
        R E R E D N A L I H P   Y
```

Puzzle # 84
ASSORTED WORDS 84

```
              D E T S I O H      
R   A   D E P P E T S S I M      
  E     R E G D E E       G   M  
      Z Y T I S L A F S   Y   A  
G       I C I W L       Y R   Z  
U       I N O C O A         A O  
T D F C N A P U N C       T H U  
T U A     O T M Y L D K     I R  
E C N N     C U U W A E     O K  
R H C   C   K I H R T R N     A  
  Y Y     B E A S T L I E S T    
S D R A P O E L C I       T L    
N O I T C U D E R O N     E Y    
        C O N F I R M G       R  
        S T N A C I R B U L      
```

Puzzle # 85
ASSORTED WORDS 85

```
S C I R E H P S O M T A       F
  O H       P       E         O
  N I       R E I L N A M     X
  N S D Y L D W E L H         T
M A C E G C O R D I A L L Y   R
E I R A   N E     C N C S K   O
S L I W       I   A C     T O T
S I P A       G T     T E   O W T
A N T Y       H   E T       O T I
G G I S       T       L     G O N
E   N O             E L     E W G
      G   J L A K I N G I S I
F A L C O N E R S         B N
          S E S S E D D O G
      S S E N L U F T E G R O F
```

Puzzle # 86
ASSORTED WORDS 86

```
  D E G N I C N A L E E R F
    E M U S K E T S
T   T U C A N T E R S
  E     U L         S D R A W N I
R L     A F         L         S
A     F L I T T I N G L       E
P S G N I R B N G       O   L S
I   I       M     A M       R E W
N     D E S C E N D E D       C I
G     D E D N I L B R N       T S
G R A S S H O P P E R E       T I H
S L E R T S N I M           V V E
S E B I R C S O R P           E S
    N O I T A T I V N I L     T
S O U R P U S S             Y
```

Puzzle # 87
ASSORTED WORDS 87

```
          D   H E S
            E   T G W
          C K   N N I
          R   C   I A R
    F U R B I S H E D C R L
M O N O M A N I A C P   A T Y
C B     E   O S S     N   Y S
  I E     P L   C E       E H
S   T A G N I G R A L N E H
  O F I R   N T     R Z
    L   N D E   A   V Z
      U L   G S   P   E U
        T   E         S M
        E I N C A R N A T I O N S
        S H I P P O P O T A M U S
```

Puzzle # 88
ASSORTED WORDS 88

```
C H O R E O G R A P H Y
  H L   Y T I L A R T U E N
O D E T A B R E C A X E     P
B R E R E T T I B           A
S     S   U   N             R
C   B T E B P E R C H E S A
U   G A   I   I M           D
R   I R L   R M D I         I I
I   G L   L H T T N R       G O
T S A I S S A C S E U E     M N
Y   N G     I D   A T O P S I
    T H     R   E   P X R X Z
G N I T A N I M R E T X E G E
    C O T N E M I P R       S A
  H Y P E R T E N S I O N
```

Puzzle # 89
ASSORTED WORDS 89

			S	U	O	R	E	B	M	U	L	S		F
	S		E		S	U	L	F	A	T	E			O
R	I	E		T				U						O
A	L		L		A	D		N						D
S	V	U	E	L		I	E	D	E	K	W	A	G	S
P	E	N	V	S	I	C	C	S		C	F		W	T
B	R	D	E		R	P	U	A	S	H	A		I	U
E	Y	I	R	T	L	E	T	B	M	E	I		D	F
R		D	A		Y	A	G	I	I	E	R		O	F
R			G			H	T	N	C	T	S	P	W	S
I	Y	R	E	N	I	W	P	H	A	A	S		X	
E			D					O	E	H	L			E
S	G	N	I	M	M	I	H	W	E	S		L		
Y	L	B	B	E	P					N			Y	
S	U	O	N	I	D	U	T	I	T	L	U	M		

Puzzle # 90
ASSORTED WORDS 90

	I	M	P	E	R	C	E	P	T	I	B	L	Y	
A				Y				S					B	
	S	H	E	A	V	I	E	S	R				U	
		S		S	P	O				E		I	R	I
I		S	E	A	E	L	H	C	O	C	T	N	G	N
S	D		T	R		D	A	C				S	L	T
E	Y	E		N	T		O	I	N			U	A	E
Y	N	A	N		E	I		L	N	A		L	R	R
S	P	U	P	T	M	L	V	D	P	T		A	I	M
	P	I	M	R	I	A	A	E		X	S	T	E	I
		A	S	E	E	C	L	V			E	O	S	N
			R	S	R	V	A	A	I			R		G
				T	O	A	O	L	I	U		S		L
					S	G	T	U	L	S	Q			E
	I	N	D	I	C	A	T	E	D	Y	E	E		D

Puzzle # 91
ASSORTED WORDS 91

Y			G	J				D				O		M
	L	D	L	N	A				E			U		I
E		B	E	L	I	L	S			L	C	T		L
	C		I	F	E	R	O	E			O	L		K
F	T	N		X	L	B	R	U	H		M	A		M
T	E	S	E	E	E	E	E	U	S	C	P	Y	G	A
R	U	M	A	I	M	L	C	U	P	I	L			I
U	R	O	I	C	R	I	F	T	L	S	E	I		D
N	A	T	K	N	S	U	T	N	I	B	M		F	S
O	S	R		R	I	W	R	D	I	O	E			T
F	T	I			O	S	E	P	E		N			O
F	E	B				W	T	N		B	T			R
S	R	E				D	I	S	C	O	I	N	G	I
		C	O	M	M	I	S	S	I	O	N	S		E
R	E	F	U	R	B	I	S	H	I	N	G			S

Puzzle # 92
ASSORTED WORDS 92

		B		S	O	R	C	E	R	E	S	S		
I	M	P	R	I	S	O	N	T		N			S	G
		E	T	I	D	U	R	E	L	T			T	E
P		C	A		N	S				I			E	N
	L		U	D		K	U			C	U		R	U
		U	E	R	J		S	R		E		G	I	F
	S		T	I	B	U	P	M	V	M			L	L
S	S	L	B	O	X	E	S	A	A	E			I	E
A	S	E	U		N	I	D	T	T	N	Y		Z	C
N		E	T	O		I	P		M	T	S	S	E	T
G		S	N	N	S		U			E	I	H	D	E
U			N	Y	E			M			N	N	I	D
I	A	N	A	E	S	T	H	E	T	I	S	T	G	P
N					R	U	E	E	L	P	A	T	S	
E						W	B	D						

Puzzle # 93
ASSORTED WORDS 93

	S		H	O	S	T	A	G	E			P	S	
	D	S	T	T	G	N	I	E	E	S	E	R	O	F
A		E	E	N	W				B			E	P	H
H	C	S	C	L	A	I			U			L	P	E
	A	C	E	A	D	G	N		N			A	I	P
B		B	L	H	T	A	E	K	G	G		T	E	A
E			I	I	S	H	E	L	L		I	E	R	T
F				T	M	I	L	H	E	E		S		I
U	S	C	I	T	U	A	N	O	R	T	S	A	N	C
D						A	T	A	N					E
D	K	I	P	P	E	R	T	I	B	S				
L	O	A	N	W	O	R	D	I	Z					
I	M	P	E	D	E	S		G	N	I	N	A	W	
N					D	E	G	R	O	G	N	E		
G							T	N	E	M	U	G	R	A

Puzzle # 94
ASSORTED WORDS 94

	M	S	I	R	A	I	G	A	L	P				
			L	O	U	D	N	E	S	S		J	N	
N	O	T	I	O	N	A	L					A	O	S
D	E	N	I	A	D	S	I	D			B	M	N	I
S	E	T	A	R	U	G	U	A	N	I	A	M	E	N
		L	E	X	A	G	G	E	R	A	T	I	N	G
		Y	L	L	U	O	F			D	T	N	T	E
		L	L	A	Y	R	R	A	C	I	L	G	I	R
	D	R	U	B	B	I	N	G		C	E	S	T	
C	L	I	P	P	I	N	G	S		K	M	N	I	
G	A	S	T	R	O	N	O	M	Y	I	E	A	E	
			S	E	S	U	F	N	I	E	N	R	S	
F	A	I	N	E	R				N	S	T	L	O	B
	T	S	E	D	N	U	O	R		A	S	E		
S	R	E	T	S	N	U	P				C	D		

Puzzle # 95
ASSORTED WORDS 95

D			A					G						
S	E		C	I	B	O	H	P	O	M	O	H		
E	N	T	R	A	P	M	E	N	T	L		C		
		I	E	F	A	M	I	N	E		I	I		I
Y			A	K	A	T	S	I	M	I	T	P	O	N
H	O	D	G	T	C	I	S	M				H	E	A
R	O	B	E	L	R	U	T	Y	A			E		U
L	A	S	S	T	A	E	B	H	N	E		R		G
A		W	P	U	U	C	P	R	L	C	S	I		U
N			H	I	B	L	I	P	E	E	S	N		R
D				I	T		L	T	A	J	S	G	I	A
F					D	A		O	C		O	S		T
I						E	B		P	A		I		E
L	H	O	U	S	E	H	O	L	D	E	R	S	N	S
L	A	T	H	E	R	I	N	G	E			P		S

Puzzle # 96
ASSORTED WORDS 96

M	S				D	I	G	G	E	R		H		
O		E	S	S						C		O		
D			T	E	G		R			A		R	D	
U		G	T	A	S	N	T	E		T		R	A	O
L			O	N	R	S	I	S	K	W		O	M	B
A	P	R	B	A	A	T	E	N	E	A		R	A	S
T	U		E	O	T	D	S	R	E	L	M	S	G	E
E	L		M	I	A	S	N	A	T	K	A		E	R
S	S		U		D	T	K	U	C	S	A	E	S	V
	A		S			W	E	I	B		E	W	R	E
	R		E				A	R	N	A		C	A	R
C	I	N	D	E	R			B		S			N	S
T	O	U	G	H	L	Y	G	R	O	O	V	E		A
				Y	T	I	R	U	P	M	I			
			T	S	E	I	D	D	U	M				

Puzzle # 97
ASSORTED WORDS 97

```
D E S R E P S R E T N I     T B
    C     G E           L I I
S R E Y A P R U S A B L E D L
A   Y     N A     S     D B L
A T S T   N       E     G I F
  P T C I   D E         N E T O
M   P R I L M   D         R S L
  E N O I T A T L U X E E A D
    L I I   B S T E       D M H
        O O N U O I K     P
          D L T T N P C     A
            I R M I G S A   N
              C U E O O O P S
P A P R I K A S P N N R H
        I N T E R M E N T S P
```

Puzzle # 98
ASSORTED WORDS 98

```
        S U O I D I S N I       R
Y T I V A R G T Y P I C A L O
    S   L K N E E C A P S     O
    P   D T C R O P P E R S   F
    A   D E Y A C E D         T
    S   R N S K C U H C       O
M Y T N A R A U G             P
D E C U A S D A Z Z L I N G S
    D     T R E I D O O M
        D I S E M B O W E L E D
        V       G N I B O L G
C O N F E C T I O N S E L I F
N O I T A S L U P
    O V E R H A N G
    C O R P O R A T I O N S
```

Puzzle # 99
ASSORTED WORDS 99

```
R     G Y   E D A H S P M A L
    E   E N S H T N O I L L I M
S A E   X I I   S       I
U   N S E P L A   N     N
B   B A R M A I D   O   S
S   E   L E A N O R   I   E
E A T   O V R D R E   N M
C E N T E R G O F I B P   I
T   S T   F   U   S N   P N M
I     R I F   E   H G   A
O       E Q S E       A   T M
N       N U K         H E
S       G N I N W O R C S
M I N D F U L U N A
    S H A V E R S G G H
```

Puzzle # 100
ASSORTED WORDS 100

```
        D E R E V E L
        R E D N E T L A O G
        G N I N O S I T T E J
A I N D E F A T I G A B L Y O
  I       S L E A P S       R
C   N   M S I N P U T S     A
I   O   U E   O       N     L
  R   G   K H   R       U   L
    C D E N O S M I R C O Y
A   U P B   H U       N     F
C H I L L I N E S S G       G
    B N T S K E E W D I M
      U   I P O M P O N
      P M   N P R E S E T
    S   S   G
```

www.ingramcontent.com/pod-product-compliance
Lightning Source LLC
Chambersburg PA
CBHW080548220526
45466CB00010B/3075